W0236094

Impressum

Die Deutsche Bibliothek – CIP-Einheitsaufnahme

Nölke, Stephan Vincent:
Das 1×1 des Audio-Marketings.
Der Navigator für Audio-Branding und Audio-Interface-Design

edition comevis, 2009

ISBN: 9783000268687

Herausgeber:
comevis GmbH & Co KG, Schanzenstraße 23, 51063 Köln, www.comevis.com

Redaktion, Produktionsberatung:
text-ur text- und relations agentur Dr. Gierke, Köln, www.text-ur.de

Layout, Satz:
duofaktur, Köln, www.duofaktur.de

Druck:
DFS Druck Brecher GmbH, Köln, www.dfs-druck.de

Titelbild:
photocase.com©melancholie

Bildquellen, sofern nicht anders genannt:
photocase.com
aboutpixel.de
sxc.hu

ISBN: 9783000268687

Printed in Germany

Stephan Vincent Nölke

Das 1×1 des Audio-Marketings

Der Navigator für Audio-Branding
und Audio-Interface-Design

EDITION©

comevis

Vorwort 11

„Der Klang-Schlüssel zu den Herzen der Kunden" 16

Wahrnehmungspsychologische Grundlagen 38
1. Welche Geheimnisse hält der
    akustische Sinn für uns bereit? 39

2. Hören ist anscheinend ja so viel mehr
    als bloß „Geräusch im Ohr". Welche
    Dimensionen hat der akustische Sinn? 41

3. „Töne bringen die Seele zum Klingen" ist
    ein bekannter Ausspruch. Warum spricht
    uns der Hörsinn so stark emotional an? 42

4. Hören hat viele Funktionen: Orientierung,
    Information, Emotion. Welche noch? 43

5. Was lässt sich durch gezielte, orchestrierte
    Adressierung des Hörsinnes aus der
    Perspektive eines werbenden oder
    kommunizierenden Unternehmens erreichen? 44

6. Im designerischen Bereich gibt es gewisse Regeln,
    die bei der Gestaltung von Corporate Identities
    und allen visuellen Medien berücksichtigt werden.
    Gibt es das auch bei der auditiven Gestaltung? 45

7. Was trägt die Psychoakustik zu unserem
    Verständnis des Hörens bei? 46

8. Wie wird ein Hörereignis emotional-affektiv
    aufgeladen? 47

9. Welche emotional-affektiven Assoziationen können
    mittels der Instrumentierung ausgelöst werden? 48

10. Welche weiteren kulturell geprägten Assoziationen
    sollten an dieser Stelle weiter bedacht werden? 49

11. Musikstile, Tonalitäten, Instrumentierungen
    und Rhythmen bringen wir also unbewusst mit
    unterstellten Attributen von Marken oder
    Produkten in Verbindung. Wie nutzt man diese
    Erkenntnis im Audio-Branding? 52

12. Welche Rückschlüsse können auf die Wirkung von
    Hintergrundmusik gezogen werden? Was ist bei
    Corporate Sound Scapes zu beachten? 54

Audio-Branding und Audio-Marketing 58
1. Was ist das Ziel von Audio-Branding? 60

2. Welche Module des Audio-Brandings- und
    -Marketings werden unterschieden? 61

3. Warum sind akustische Markenpositionierung
    und auditiver Imagegewinn so wichtig für
    langfristigen wirtschaftlichen Erfolg? 67

4. Was sind die Anforderungen an das
    akustische Design einer Marke? 68

5. Wie hängen Audio-Marketing und
   multisensorisches Marketing zusammen? 70

6. Warum ist ein ganzheitliches, umfassendes
   Klangkonzept wichtig? Reicht nicht eine
   einheitliche Musik? 72

7. In der Theorie ist Audio-Branding ein
   faszinierendes und überzeugendes Konzept.
   Warum aber ist es anscheinend so schwer,
   eine einmal festgelegte singuläre Audio-
   Branding-Strategie durchzuhalten? 73

8. Welche Gefahr für die Marke birgt ein schlecht
   gewähltes oder inkonsequentes Audio-Branding-
   Konzept? 75

Anwendungsgebiete des Audio-Marketings **78**

1. An welchen Kommunikationsschnittstellen werden die Module des Audio-Marketings eingesetzt? 79

2. Wirkt Audio-Branding nur nach außen? 80

3. Können neben der klassischen Werbung auch
   Werbemittel Träger der auditiven Kommunikation
   eines Unternehmens sein? 81

4. In welchen Werbeformen kommt Musik besondere
   Bedeutung zu? 82

5. Wo kommen Corporate Songs und Hymns (Hymnen)
   zum Einsatz, wo Corporate Sound Scapes? 83

6. Was sind Voice-Anwendungen und wie stehen
   diese im Zusammenhang mit dem Audio-Design
   eines Unternehmens? 84

**Audio-Interface-Design an den
Daily Touchpoints Telefonie & Internet** **88**

1. Warum ist ein ganzheitliches Klangkonzept für die Daily
   Touchpoints wichtig? 90

2. Kohärentes Sound-Design am Daily Touchpoint
   Internet scheint sich noch nicht richtig durchgesetzt zu haben. Woran liegt das? 90

3. Was versteht man unter einer IVR-Plattform? 92

4. Welche Ansätze werden im Design unterschieden? 92

5. Sind telefonische Self Services dann nicht
   einfach „das Mittel der Wahl"? 93

6. Wann ist ein Sprachportal denn fertig und
   kann unverändert betrieben werden? 95

7. Grammatik ist bei Sprachportalen eine wichtige
   Komponente. Was verbirgt sich dahinter? 95

8. Was bedeuten Call Flow und Call Routing im
   Zusammenhang mit Sprachportalen? 96

9. Wie kann der Kunde im Voiceportal parametrisiert
werden? 97

10. Wie wird die Nutzerführung beschrieben? 98

11. Was zeichnet besonders kundenfreundliche telefonische
Service-Portale aus? 98

12. Umgekehrt: Wie kann ich sicherstellen, dass unsere
neue telefonische Service-Anwendung wirklich kunden-
freundlich ist? 100

Der Produktionsprozess **104**

1. Wie startet der Audio-Branding-Prozess? 106

2. In welche Phasen lässt sich der Audio-Branding- und
Audio-Marketing-Prozess unterteilen? 107

3. Wie viel Zeit und Ressourcen nimmt der Audio-Branding-
Prozess in Anspruch? 109

4. Ist Audio-Branding aufgrund des strategischen
Charakters nur für große Unternehmen geeignet? ... 110

5. Zur Sound-Produktion haben wir nun schon viel
gehört – wie aber wird bspw. für den wichtigen
Touchpoint Telefonie ein überzeugendes Audio-
Interface im Sprachdialogsystem konzipiert? 111

6. Klangräume sind der eine Teil des Dialogdesigns, die
richtigen Textmodule der andere? 113

7. Am Touchpoint Telefonie gibt es anscheinend so
   fantastische Möglichkeiten Sound einzusetzen,
   wieso denken die meisten dann nur an Warteschleifen zur Kundeneinschläferung? 115

Rechtliche Grundlagen **118**
1. Welche rechtlichen Grundlagen müssen beim
   Umgang mit Klängen im Bereich des Audio-
   Marketings beachtet werden? 119

2. Kann unser Unternehmen Urheberrechte an
   einem z. B. für das Audio-Branding und Audio-
   Marketing erstellten Musikwerk haben? 123

3. Können wir nicht einfach für die Entwicklung
   unserer Corporate Sound Logos oder Corporate
   Jingles Musik- und Soundbausteine verändern,
   die es bereits gibt, und die uns gut gefallen? 123

4. An wen müssen wir uns im gegebenen Fall
   wenden, um solche Genehmigungen zu erhalten? . . . 124

5. Aber wenn uns doch vorschwebt, dass unsere
   auditive Visitenkarte so ähnlich klingen soll wie XY,
   können wir dann nicht einfach etwas nach
   diesem Muster komponieren lassen? 126

6. Ich habe gehört, dass wir problemlos immer
   drei Sekunden auch einer geschützten Musik
   nutzen können. Stimmt das? 127

7. Was fällt unter freie Musik? 127

8. Wann erlöschen die Schutzrechte? 128

9. Wen vertritt die GEMA? Sollen oder können
   wir als Unternehmen auch beitreten? 129

10. Wie werden Nutzungsrechte an Musikwerken
    international wahrgenommen? 130

11. Gibt es denn nicht auch GEMA-freie Musik,
    die verwendet werden kann? 130

12. Kann unser Unternehmen solche Schutzrechte
    erwerben? 131

13. Können also Tonfolgen auch als Marke geschützt
    sein respektive von uns geschützt werden? 132

14. Wie entsteht der Markenschutz für eine Hörmarke? . . 133

15. Kann ich beim DPMA auch internationalen
    Markenschutz beantragen? 133

16. Welche weiteren rechtlichen Aspekte muss
    unser Unternehmen in diesem künstlerischen
    Bereich noch beachten? 135

So finden Sie die richtigen Kompetenzpartner für Audio-Branding, Audio-Marketing und Audio-Interface-Design **138**

1. Wie finden wir den richtigen Partner, um Audio-Marketing-Konzepte für unsere Firma zu entwickeln und umzusetzen? 139

2. Die Vorauswahl ist getroffen – wie gehen wir dann weiter vor? 141

3. Was müssen wir beachten, wenn eine Audio-Branding- oder -Marketing-Agentur zum Kennenlerntermin oder Briefing zu uns kommt? 142

4. Der Vertragsschluss: Was muss dabei beachtet werden? 145

5. Wie definieren wir mit der ausgewählten Partneragentur den Projektverlauf? 146

Sound in (E)motion: Best practice **148**

Stichwortverzeichnis. **160**

Literaturverzeichnis **164**

Vorwort

Earcatcher, wie beispielsweise Soundlogos und Jingles, gewinnen als akustisches Identifikationselement zur Aktivierung von Aufmerksamkeit in der Unternehmenskommunikation entscheidende Bedeutung. Sie gehören als wesentlicher Bestandteil in jede strategische Kommunikationspolitik. Grund für diese Entwicklung ist die Bedeutung von Klang bei der auditiv gestützten Emotionalisierung moderner Branding-Strategien. Im Gegensatz zur visuellen Werbung funktionieren Audio-Brandings auch ohne begleitende Bilder und können Werbewirkungsprozesse vor allem im Unterbewusstsein der Menschen aktivierend unterstützen. Der intelligente Umgang mit Klang führt zu neuen und beeindruckend gut funktionierenden Möglichkeiten des Kundendialogs. Dies ist in einer Zeit, in der Menschen in der Regel ein zunehmend geringeres Involvement für Werbemaßnahmen entwickeln, von besonderem Wert.

Erfolgskonzept – Audio-Branding & Audio-Marketing

Erfolgreiche Soundlogos sind immer Teil eines professionellen Audio-Brandings. Damit ist ein strategischer Prozess gemeint, in dem für Unternehmen oder Marken über ein umfassendes, positives, einzigartiges und wiedererkennbares Klangfeld eine akustische Identität, der sogenannte Corporate Sound geschaffen wird. Hierbei steht die Vermittlung der Einzigartigkeit einer Marke in Abgrenzung zur Konkurrenz im Vordergrund.

Starke Marken überzeugen – auditiv

Ein professioneller Corporate Sound führt zu Begeisterung, Bekanntheit und Bindung und kann so stark sein, dass er die sensorische Welt des Kunden neu ordnet. Visuelle Eindrücke verschmelzen mit gespeicherten auditiven Erlebnissen des Corporate Sounds. Sieht man irgendwo die große rote „7" eines spielfilmorientierten Privatsenders, so summt man unwillkürlich „We love to entertain you", das Sparkassen-Logo wird mit dem gesungenen „Wenn's um Geld geht – Sparkasse" verbunden, das magentafarbene „T"-Logo löst sofort eine bestimmte Fünf-Ton-Folge im Kopf aus. Akustisches Brand und Produktbrand sind untrennbar und bilden eine synchronisierte Einheit, die Vertrauen schafft, Orientierung gibt, Kompetenz und Sicherheit vermittelt und zur Identifikation mit einem Unternehmen führt.

An der Hochschule der Sparkassen-Finanzgruppe durchgeführte Expertenbefragungen belegen, dass aus diesen Gründen erfolgreiche Unternehmen, die gezielt Markenstrategien aufbauen, zunehmend auf Audio-Branding setzen. Die Realisation von Konzepten im Audio-Marketing erfolgt in Form von Modulen und Anwendungen an allen relevanten Kommunikationsschnittstellen.

Expertenwissen – schnell & einfach
Autor Stephan Vincent Nölke beschreibt anhand konkreter
Fragen aus seiner langjährigen Praxis die kritischen Prozess-
phasen bei der Entwicklung auditiver Branding-Strategien und
der operativen Umsetzung der jeweiligen Klangsystematik.
Es gelingt ihm hervorragend, sein ausgewiesenes Expertenwissen in den Bereichen des Audio-Brandings, des multisensorischen Marketings und des Audio-Interface-Designs aus der
Perspektive des Praktikers zu vermitteln.

Audio-Interface-Design – schafft Kundenbegeisterung
Leser, die innovativ eine starke Markenbildung im akustischen
Bereich anstreben, werden in diesem „1 × 1" leicht verständlich
und Schritt für Schritt begleitet. Es weist den Weg von der Entwicklung von Audio-Branding-Strategien bis hin zum Design
optimaler Audio-User-Interfaces zur Dialoggestaltung, dem
entscheidenden Erfolgsfaktor, um Begeisterung im täglichen
Einsatz zu erzeugen.
Der mit diesem Buch vorliegende Audio-Branding-Naviga-
gator schließt eine Lücke in der Literatur und bietet sich für
marketinginteressierte Leser wegen seiner Einzigartigkeit als
kompakter Ratgeber und schnelles Nachschlagewerk ideal an.

Prof. Dr. Wolfgang Barth
Hochschule der Sparkassen-Finanzgruppe
- University of Applied Sciences - Bonn

„Der Klang-Schlüssel zu den Herzen der Kunden"

Stephan Vincent Nölke
Experte für Audio-Branding und multisensorisches Marketing
Geschäftsführer comevis GmbH & Co. KG

Multisensorische Kommunikation – Klang im Fokus

Ohren gespitzt, liebe Leserinnen und Leser, und aufmerksam hingehorcht: in der nächsten Werbepause, beim Anruf beim Kundenservice Ihres Internetproviders, bei der elektronischen Buchung Ihrer nächsten Urlaubsreise. Was fällt Ihnen dann auf? Ja: Immer stärker rückt der anregende, fröhliche oder wohlige Klang, rückt die orchestrierte Audio-Kommunikation in den Vordergrund beim Kontakt mit Kunden! Diese Entwicklung ist machtvoll – doch noch von Vielen unbemerkt: Mit dem „audible change", dem „auditiven oder akustischen Wandel", löst die multisensorisch geprägte Medien- und Marketingkultur die Vorherrschaft des rein Optischen ab. Multisensorisch bedeutet, dass Marken mit allen Sinnen erfahrbar gemacht werden, dass sie neben dem optischen auch den Tastsinn (Haptik, taktiler Sinn), den Sinn für Düfte (olfaktorischer Sinn) und den akustischen Sinn des Menschen ansprechen.

Weil die Sinne die Tore zu unserem inneren Erleben sind. Zu unseren Gefühlen. Gleichzeitig gewinnt die emotionale Komponente in allen kommunikativen und Werbemaßnahmen angesichts der wachsenden Informationsüberlastung der Verbraucher, des zunehmenden Wettbewerbsdrucks, der steigenden Markenvielfalt und der geringen noch erkennbaren Qualitätsunterschiede der Güter und Dienstleistungen immer stärkere Bedeutung. Die emotionale Aufladung der Waren und Angebote macht den für den Kunden erkenn- und erinnerbaren Unterschied!

Die emotionale Aufladung der Waren und Angebote macht den für den Kunden erkenn- und erinnerbaren Unterschied!

Emotionalität: eine stabile Währung.

Emotion – oder besser: der Emotional Value Added, der zusätzliche emotionale Wert - von Marken ist eine sichere Währung, in der sich Investitionen positiv bilanzieren lassen. Dieser zusätzliche emotionale Wert macht Marken, Produkte und Güter sympathisch, nah, unmittelbar, manchmal sogar unverzichtbar. Er sorgt für die freiwillige, dauerhafte und freudige Bindung der Menschen an Marken. Er löst Verlangen aus und sorgt für ein gutes Gefühl, sobald diesem Verlangen entsprochen wird. Kurz: Dieser emotionale Mehrwert macht glücklich – und löst dauerhaftes Verlangen und starke Bindung aus.

Emotionaler Mehrwert löst dauerhaftes Verlangen aus.

„Musik ist eines der größten Mittel, das Herz zu bewegen und Empfindungen zu erregen."

Christoph Willibald Ritter von Gluck
(1714-1787), österreichischer Komponist

Dieses Wissen nutzte die Unterhaltungsindustrie im weiteren Sinne von Beginn an. Konsequent und probat. Die wirtschaftlich erfolgreichen Produktionen – ob Film, Musik, TV-Serie, Bücher, Computer- oder Videospiele, Theater, Musical oder Oper – beruhen auf der Erfüllung der immer gleichen menschlichen Gefühls- und Erwartungsprinzipien. Und dafür setzen sie auf alle „Trigger" für menschliche Emotionen: Geschichten, Bilder, Farben, Haptik und Olfaktorik, wenn möglich, – und besonders Stimmen, Töne, Geräusche und Musik.

Dabei kommt gerade der Musik als einem Element der auditiven Kommunikationsebene eine besondere Bedeutung zu, die wir auch in diesem Buch ausführlich beleuchten.

Hörerlebnisse – neue Möglichkeiten im Kommunikationsdesign

Auditive Kommunikationsformen von Unternehmen, Marken und Produkten bieten neue Möglichkeiten des Kommunikations- und Dialogdesigns und gewinnen entscheidend an Bedeutung im täglichen Wettkampf um die Gunst der Kunden und Geschäftspartner. Dafür geben Sie der Marke einen Klang-Raum, der sie optimal repräsentiert und von Ihrer Zielgruppe einfach und klar wiedererkannt werden kann. So machen Sie Ihr Unternehmen zu einer hörbaren Erfahrung!

Unternehmen hörbar erfahren: Geben Sie Ihrer Marke einen perfekten Klang!

„Erfahrung ist der Anfang aller Kunst und jedes Wissens."

Aristoteles
(384-322), griechischer Philosoph

Die Erfahrung muss einzigartig sein! Denn nur so wird sie Ihrem Unternehmen gerecht – und nur so gewinnt sie die Aufmerksamkeit, Bedeutung und emotionale Macht, die Menschen an Ihr Unternehmen fesselt, die sie fasziniert. Im Audioreiz alleine liegt diese Faszination noch nicht, denn in der modernen Welt sind wir alle einer großen Fülle von Reizen ausgesetzt. Einer so großen, dass bereits das Wort „Reiz" negativ konnotiert ist

im Sinne von „ich bin gereizt". Da liegt der eigentliche Reiz
– reizend im Sinne von zauberhaft – oftmals im „reizlosen"!
Nämlich in dem, was uns Orientierung gibt! Was uns vertraut
erscheint. Und genau das bieten gekonnte unternehmerische
Hörmarken mit ihrer klar identifizierbaren auditiven Positionierung in all ihren crossmedialen Erscheinungsformen an!

„Das Ohr ist das Tor zur Seele der Menschen."

Indisches Sprichwort

WÜNS

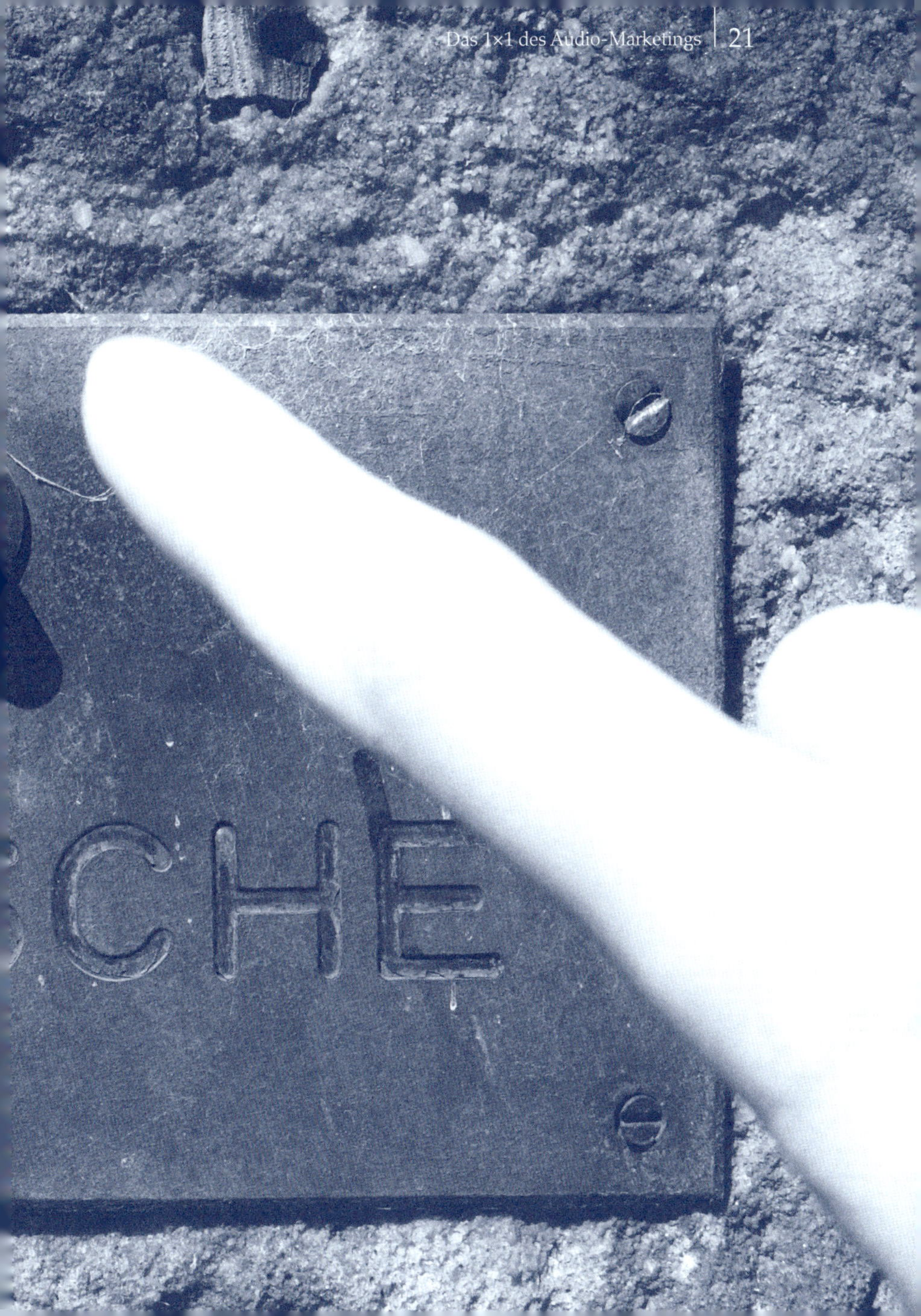
CHE

Klang-Schlüssel öffnen Türen – auch im Kundendialog

Für moderne Kommunikations- und Dialog-Konzepte von Unternehmen, Marken und Produkten ist der intelligente, systematische und integrative Umgang mit Klang von besonderer Bedeutung.

Mit den Augen erfassen wir die Welt und mit den Ohren lassen wir sie tief in uns hinein. Hörbare Erlebnisse werden von innen heraus erfahren. Wir können wegsehen oder einfach unsere Augen schließen – aber mit unseren Ohren ist ein Verweigern nicht möglich. Den akustischen Sinn können wir nicht abschalten – weil wir Klang auch nicht nur hören, sondern auch fühlen! Klang ist damit wirklich einer der unmittelbarsten Eindrücke, er wird über die Ohren, die Haut und die Haarwurzeln wahrgenommen. Er vermittelt uns Stimmung, Atmosphäre, Gefühl … schon mit wenigen Tönen. Er jagt uns Schauer über den Rücken, verschafft uns eine Gänsehaut, lässt unser Herz schneller schlagen, füllt uns mit Sehnsucht oder wunderbaren Gefühlen. Jede akustische Information führt zweifellos und immer zu einem gefühlten Erlebnis, das uns emotional leitet. Das uns subtil leitet und Entscheidungen lenkt.

„Dem stärksten Willen fehlt oft die Kraft, die einer zarten Emotion selbstverständlich ist."

Elfriede Hablé
(* 1934), österreichische Aphoristikerin und Musikerin

Audio-Branding: den richtigen Ton für Ihr Unternehmen finden und nutzen

Mit jedem Kontakt erhält ein Kunde oder Interessent viel mehr Informationen, als wir vielleicht glauben. Weit über das „gewünschte", das intendierte Maß an gesteuerter Information hinaus vermittelt sich ihm ein erster, prägender Eindruck über die kommunikative Grundhaltung und Kompetenz Ihres Unternehmens. Und die Zahl der Kontaktpunkte, der Touchpoints, wächst ständig. Gab es früher nur den postalischen sowie den direkten Kontakt zu Mitarbeitern beispielsweise aus dem Vertrieb, Messepersonal, Kundendienst oder Empfang, gesellten sich „klassische" Telefonie, Fax, E-Mails, Blogs, Vlogs (Video-Blogs), PodCasts, Imagefilme, Internet, Point of Information-Systeme (PoI), Points of Sale (PoS), Klingeltöne, Werbemaßnahmen vom sprechenden Banner über Radio- und TV-Spots sowie eine Vielzahl moderner Telefonie-Anwendungen, mobiler Dienste und Sprachportale hinzu.

Und ALLE haben eins gemeinsam: Sie sprechen mit lauter Stimme für Ihr Unternehmen. Wobei sie bei den allermeisten Unternehmen noch „mit vielen Stimmen sprechen" und auch ganz unterschiedliches aussagen, weil eben die auditiven Kommunikationsströme noch nicht synchronisiert sind. Und das ist verwirrend für den Kunden, das gibt ihm eben kein Vertrauen, kein gutes Gefühl, keine Orientierung. Es spricht seine Emotion nicht zielgerichtet an und es gibt ihm kein Wohlgefühl. Wohlgefühl und Orientierung sind deshalb die Ziele der strategischen Maßnahmen des Audio-Brandings und der synchronisierten Module und Maßnahmen des professionellen Audio-Marketings!

Klangkonzepte eröffnen neue und besonders wirkungsstarke Gestaltungsmöglichkeiten der Emotionalisierung innerhalb der Corporate Identity.

Starke akustische Visitenkarten schaffen Wiedererkennbarkeit und Loyalität

Akustische Visitenkarten schaffen Wohlgefühl, Kundenbegeisterung und Loyalität.
So wird Ihr Unternehmen unvergesslich.

Zunehmend entscheidet das richtige Klangkonzept über den Erfolg moderner Kommunikationsmaßnahmen, denn die richtigen Töne, also der passende (fitting) Sound haucht insbesondere Dialogmedien Leben ein. Damit eröffnen sich neue und besonders wirkungsstarke Gestaltungsmöglichkeiten der Emotionalisierung innerhalb der Corporate Identity.

Akustisches Erleben aktiviert neuronale Energieflüsse und prägt sich für lange Zeit ein. Dies ist der Grund für die Benennung des Begriffs Audio-Branding bei Sounddesignern und Marketingexperten.

Die passenden auditiven Konzepte schaffen unter Branding- und Marketinggesichtspunkten ein positives Image bei Kunden und Geschäftspartnern. Ein positives Image, das auf positiven Emotionen beruht. Das bereits auf eine positive Kundenbeziehung, eine zustimmende, affirmative Grundhaltung, vorbereitet.

Ja, ich wage zu behaupten: Der Emotional Value Added zur Kundengewinnung und -bindung wird umso leichter und tiefer erreicht, je umfassender und orchestrierter die auditiv gestützte Emotionalisierung im Zentrum der Kommunikations- und Dialoggestaltung steht.

Corporate Sound: die Orchestrierung der Kommunikationsinstrumente

Wie wir schon festgestellt haben, vermittelt der Hörsinn im Orchester der sensuellen Erfahrung Orientierung und direkte sinnliche Wahrnehmung. Der richtige Sound haucht Dialogmedien Leben ein und sorgt für Authentizität sowie neue Möglichkeiten der Emotionalisierung des Kundendialogs. Dies wird über eine klar definierte Strategie für den funktionalen Einsatz von Klang erreicht. Diese Strategie muss am Anfang des professionellen Audio-Brandings stehen, denn alle Audio-Marketingmaßnahmen entfalten die auditive Wirkung des Corporate Sounds bzw. des Audio-Brands im crossmedialen Einsatz an allen Kontakt- und Dialogschnittstellen des Unternehmens.

Letztlich geht es darum, wie jedes Kommunikationsinstrument das Werk interpretiert, denn jedes besitzt seine individuellen Stärken und Schwächen. Diese jeweiligen Interpretationen müssen nicht, ja sie dürfen sogar nicht gleich sein. Erst wenn jedes Kommunikationsinstrument den richtigen Ton in der richtigen Tonlage zum richtigen Zeitpunkt trifft, wird ein gutes Konzert daraus, mit einem Hörerlebnis, welches aktiviert und positiv im Gedächtnis haftet.

Bei einem Lied merken wir uns zuerst die Melodie. Danach achten wir auf den Text. **Es kommt also auf die richtige Partitur an.** In der Partitur sind alle Klangelemente, instrumental-

Es geht um die perfekte Orchestrierung der Sinne und kommunikativen Aussagen.

Orchestriert, synchronisiert, zielorientiert – aber niemals gleich! Corporate Sounds müssen nach Modul und Anwendung adaptiert werden.

und Vokalstimmen einer Komposition oder Bearbeitung erfasst. Der Dirigent findet darüber Hinaus notwendige Hinweise zur Aufführung (Tempo, Dynamik, Spielanweisungen, usw.) verzeichnet.

Wiedererkennbarkeit bedeutet nicht, dass alle Klangmodule in allen Medien gleich klingen, denn das wäre unangemessen und vielleicht sogar nervig. Es bedeutet, dass auf die jeweiligen Kommunikationsschnittstellen zum Kunden angepasste Klangmodule reproduzierbar gute Gefühle aufrufen und die Zielgruppe überzeugen.

Reproduzierbar gute Gefühle schaffen

In der Werbung und in der strategischen Unternehmenskommunikation schlüpfen Sie, schlüpft der Marken-, Marketing- und/oder Kampagnenverantwortliche in die Rolle des Dirigenten. Gemeinsam mit einem Experten schreibt er die Partitur, entscheidet als Dirigent über die Instrumente und gibt der Marke, der Marketingmaßnahme und/oder der Kampagne einen prestigeorientierten Klangraum, der funktional passt, wiedererkennbar ist, repräsentiert.

Das Bauch-Kopf-Prinzip für sich nutzen

Was aber heißt denn überzeugen? Überzeugen heißt nicht: überreden! Es bedeutet, einen emotionalen Entscheidungsrahmen zu schaffen, in dem jemand mit einem guten Gefühl eine Entscheidung trifft. Seine Emotion ist dabei sein „innerer Zeuge", sie überzeugt ihn!

Wo aber liegt das Überzeugungs- und damit das eigentliche Entscheidungszentrum des Menschen? Es liegt nicht, wie wir oft glauben, in der rationalen Überlegung, sondern im Unbewussten, in dem intuitiven Wissen, für das wir den Ausdruck Bauch-Gefühl kennen. Denn im Bauch spüren wir also, ob eine Entscheidung – auch eine Kaufentscheidung – richtig für uns ist. Im Nachhinein rationalisieren wir diese dann.

Kommunikative Botschaften, die Unternehmen erfolgreicher machen als Wettbewerber, stimulieren also in erster Linie das „Bauch-Gefühl" von Kunden, Interessenten und Geschäftspartnern! Sie müssen direkt auf die emotionale Ebene zielen! Sie müssen gute Gefühle auslösen! Vertrauen ist der Schlüssel und der Zugang zum Entscheidungszentrum der Menschen. Vertrauen ist kein rationales Kalkül, sondern ein emotionales Erlebnis. Es erleichtert vor allem unsere Entscheidungen.

Nur was man emotional im Bauch als instinktivem Entscheidungszentrum akzeptiert, verbleibt auch im Kopf – die Rationalisierung folgt nach der intuitiven Entscheidung. Und nicht umgekehrt.

Hören: Neurologie und Biophysik

Wie sehr Töne auf diese unbewusste, emotionale Entscheidungsebene wirken, ist schon seit dem Altertum bekannt. Vom griechischen Philosophen Pythagoras ist der Satz überliefert, dass das Wesen des Kosmos die Zahl sei – was nach anderen Interpretationen auch mit Harmonie übersetzt wird. Er habe, so die Quellen, sich in seinem unerschöpflichen Forscherdrang nicht nur der Untersuchung des menschlichen Hörsinnes gewidmet, sondern auch nach den Maßverhältnissen der musikalischen Harmonien gesucht und festgestellt, dass sich Tonsprünge durch einfache Zahlenverhältnisse beschreiben lassen. Der Überlieferung nach war Pythagoras überzeugt, dass der Kosmos nach musikalischen Harmoniegesetzen gestaltet sei und diese Harmonien eben „Ordnung" bedeuten. Er setzte daher Musik zur Vorbeugung und Heilung psychischer wie physischer Krankheiten ein, um die innerlichen natürlichen Harmonien zu stärken.

Musik als mathematisches System, das „ungeordnete Systeme" wieder in Ordnung bringen kann? Dessen ist man sich heute sicher, soweit beispielsweise erkrankte Seelen oder Körper als „Systeme in Unordnung" bezeichnet werden können.

„Die Musik ist eine verborgene arithmetische Übung der Seele, die nicht weiß, dass sie mit Zahlen umgeht."

Gottfried Wilhelm Leipzig
(1646-1716), deutscher Mathematiker, Wissenschaftler und Philosoph

Die Mathematik der Musik kann auch geometrisch beschrieben werden, wie das die drei Musikprofessoren Callender, Quinn und Tymoczko heutzutage zeigen. Und Vertreter der modernen Teilchenphysik erläutern, dass die Harmonielehre sich nicht nur im Makro- sondern auch im Mikrokosmos der Atome wiederzufinden ist. Vereinfacht lässt sich sagen, dass sie tatsächlich die musikalische Harmonielehre betreffende Verhältnisse im Mikrokosmos der Atome aufgezeigt haben, sodass Musik hören durchaus als Vorgang mikrostruktureller Ordnung beziehungsweise Unordnung aufgefasst werden kann.

Musik und akustische Klänge bringen die Moleküle der Luft in eine ganz bestimmte Ordnung, die wir als „Musik und/oder Klänge" bezeichnen. Klänge sind also Schwingungen – und korrelieren so mit energetischen Zuständen.

„Musik ist eine höhere Offenbarung als alle Weisheit und Philosophie."

Ludwig van Beethoven
(1770-1827), deutscher Komponist

Psychoakustik: vom Schall zum Hörereignis

Beim Hören wandeln wir den Schall, die Schwingungen der Luft um: Sie bringen zuerst Teile des Mittelohrapparates in Bewegung, dies wirkt auf die Innenohrflüssigkeiten und schließlich auf neuronale Energieflüsse (elektrische Impulse) im zentralen Nervensystem ein. Dort wird primär das Limbische System

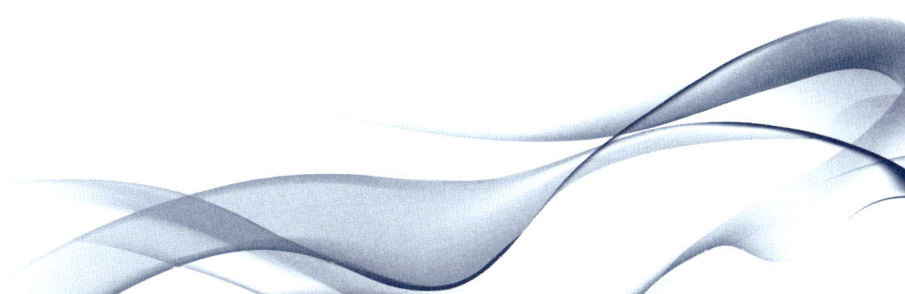

adressiert, welches die vegetativen Prozesse wie beispielsweise Atmung, Pulsschlag, Blutdruck und Hormonhaushalt beeinflusst. Im Limbischen System sind auch Emotionen verortet und eine „Schaltung" zum Langzeitgedächtnis ist gelegt.

Hirnpsychologische Prozesse beim Hören von Musik

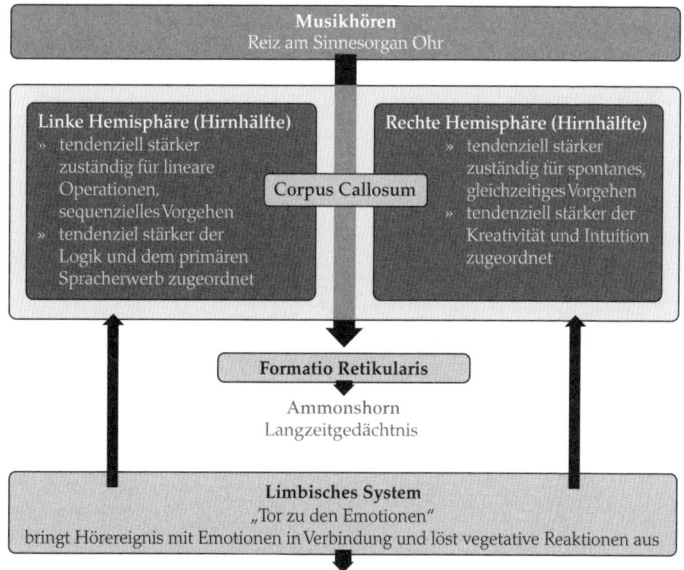

Auf Basis von: Kapteina, H.: Skript zur Einführung in die Musiktherapie, Universität Siegen, o. O., 2006, S. 5; dort zitiert: Haselauer, B.: Berieselungsmusik. Droge und Terror, Wien 1986, S. 29 ff; aktualis. nach neueren Erkenntnissen des Neuromarketings.

An sich selbst haben Sie sicher schon erfahren, dass Klänge ergotroph, also stimulierend und aktivierend, oder trophotroph, also regenerierend und beruhigend wirken können. Sie haben erfahren, dass Klänge sich direkt auf Ihre Emotionen auswirken.

Hören steht im Zentrum unseres emotionalen Lebens

Und damit beginnt sogar unser Leben! Dass bereits Ungeborene auf die durch Töne erzeugten Schwingungen freudig reagieren und diese sich besonders prägend auf die Entwicklung auswirken, ist keine Erfindung der Musikbranche, sondern gilt längst als wissenschaftlich gesichert. Daher erhalten beispielsweise werdende Mütter die Empfehlung, Musik zu genießen. Denn der Fötus lebt in einem Reich aus Klängen: So dringen Töne von Außen, aber auch der Herzschlag und die Stimme der Mutter gedämpft an das Ohr des Kindes. Wenn die Mutter beruhigend mit ihrem Kind spricht, ist nicht das Wort, sondern allein der Tonfall entscheidend, und ihre Stimme bleibt ein Leben lang prägend im Gedächtnis.

Praktisch bei jeder Feierlichkeit im privaten wie im Geschäftsleben und auch im spirituellen oder religiösen Bereich spielt Klang bzw. Musik oder Gesang eine zentrale Rolle. Klang setzt die Atmosphäre. Aber er kann mehr: Heilung durch Klang ist tatsächlich möglich. Bestimmte Tonfolgen senken beispielsweise den Blutdruck, normalisieren den Herzrhythmus oder regen die Ausschüttung von Glückshormonen an. Ärzte und Klangtherapeuten setzen zunehmend Musik gegen Stress, Depressionen,

Hören ist hochemotionale Kommunikation und kulminiert im „Auf-sich-selber-Hören".

Herz-Kreislauf-Erkrankungen, Tinnitus und Schmerzen ein. Bekannt ist die Klangschalentherapie, bei der Messingschalen in unterschiedlichen Größen und Gewichten auf dem Körper verteilt und mit einem Filzklöppel angeschlagen werden. Die Schallwellen übertragen sich durch die Vibrationen und wirken auf Körper, Geist und Seele. So werden Selbstheilungskräfte mobilisiert und Verspannungen gelöst, sodass die Körperenergie wieder frei fließen kann – denn auch hier bewegen wir uns ja im Bereich der Schwingungen.

Körperreaktion	Sympathische Tonuslage	Parasympathische Tonuslage
Blutdruck	steigt	fällt
Atmung	steigt	fällt
Herzfrequenz	steigt	fällt
Hautwiderstand	steigt	fällt
Periphere Durchblutung	fällt	steigt
Verdauungsmobilität	fällt	steigt
Innere Sekretion (Drüsen)	Hemmung	Anregung
Muskelspannung	steigt	fällt
Pupille	weit	eng

Musikalische Eigenschaften	
Dur	Moll
Dissonant	Konsonant
Polyphon	Homophon
Staccat	Legato
Großer Ambitus	Kleiner Ambitus
Akzentuierter Rhythmus	Melodischer Rhythmus
Dramatisch	Lyrisch

Quelle: nach Kapteina, Hartmut: Skript zur Einführung in die Musiktherapie, Universität Siegen, o. O., 2006, S. 36, dort nach Erwin Ebers, 1991.

Unbewusste Programme steuern uns

Wir wissen nun, dass jeder Raum, auch der elektronische wie im Bereich der Telefonie oder des Internet-Self-Service ein Erlebnisraum ist. Mit diesen Räumen verbinden wir psychologisch bestimmte Zustände und Gefühle. Beispielsweise gibt es Ruhe ausstrahlende Räume, die jedes gesprochene Wort in eine fast andächtige und Dominanz beanspruchende Akustik wandeln, wie man sie aus Kirchen und Konzertsälen kennt. Ein dunkles, warmes Geräusch spricht das Herz an, vermittelt Solidität und ein beruhigtes Gefühl. Helle Klangkomponenten dagegen werden als individueller wahrgenommen, da wir Menschen höherfrequente Klänge sensibler rezipieren und leichter orten können als dunkle Klänge. In jedem Fall löst bereits die Tonalität von Klängen – neben vielen weiteren Parametern, die wir in diesem Buch beschreiben – tiefsitzende Programme bei uns aus.

Die wichtigste Erkenntnis der musikpsychologischen Hirnforschung besagt: „Bevor wir akustisches Erleben bewusst wahrnehmen, beurteilen, genießen oder abstellen, läuft ein tief verwurzeltes Programm in unserem Unterbewusstsein ab. Dieses Programm, welches wir nicht selbst zu steuern vermögen, versetzt uns schon in eine bestimmte Grundstimmung, bevor wir das Handeln und Denken beginnen."

Das heißt, der gesamte Mensch wird zuerst in einen veränderten Zustand versetzt und erst dann finden seine Denk- und Beurteilungsoperationen statt. Auf diese Weise können Bilder und Szenen ins Bewusstsein gerufen werden, die mit angenehmen Gefühlen verbunden sind. Dies geschieht auch, wenn der Zuhörer abgelenkt ist und das Dargebotene unbewusst wahrnimmt.

Nutzen Sie die richtigen Instrumente

Akustisches Erleben steuert und prägt unser Verhalten auf einer unbewussten Ebene und ist damit ein mächtiges Instrument, um bestimmte Gefühle und Verhaltensweisen auszulösen oder zu beeinflussen. Steuern Sie dieses Instrument, schaffen Sie faszinierende Klang-Räume, die Ihr Unternehmen dauerhaft als einzigartig, hervorragend und Verlangen auslösend in Bauch, Herz und Kopf Ihrer Kunden, Geschäftspartner und Mitarbeiter positionieren!

Ihr Stephan Vincent Nölke
svn@comevis.de

Wahrnehmungs-
psychologische
Grundlagen

Wahrnehmungspsychologische Grundlagen

Der Macht der Töne sind wir einfach ausgeliefert – auch wenn wir uns das nicht immer klar machen. Wir können wegsehen – unsere Augen können wir schließen –, aber weghören können wir nicht – und wegfühlen ist einfach unmöglich. Klang vermittelt sich uns über das Hören und auch über das Fühlen – und so bilden Töne den unmittelbarsten Weg zu den Ge-Fühlen, zu unserem Emotionszentrum. Der Hörsinn ist zudem der erste Sinn, der im menschlichen Embryo entwickelt wird; und der Herzschlag der Mutter ist das erste Geräusch, das das neue Lebewesen kennenlernt, der Herzschlag des Embryos die erste „Äußerung" des heranwachsenden Lebens. Töne und Klänge also bestimmen unser Leben emotional von der ersten Sekunde an. Daher beschäftigen wir uns im ersten Kapitel kurz mit den wahrnehmungspsychologischen Grundlagen des Hörsinns und den Auswirkungen der emotional erregenden, also der affektiven Aspekte auf unsere Gefühle und darüber hinaus auf unsere unbewussten Entscheidungen und die darauf folgenden bewussten Rationalisierungen.

Denn intelligent eingesetzter Klang schafft Wohlgefühl und Wohlgefühl stimmt uns aktiv, positiv und offen.

„Man schreibt sonst den Gerüchen die besondere Kraft zu, Erinnerungen zu wecken: Musik und Gesang wirken ebenso nachdrücklich in der gleichen Richtung."

Johann Wolfgang von Goethe
(1749-1832), deutscher Dichter, Naturwissenschaftler und Staatsmann

1. Welche Geheimnisse hält der akustische Sinn für uns bereit?

Der Gehörsinn ist mindestens 300 Millionen Jahre alt – und geeicht wurde er in der folgenden Entwicklungszeit auf die Geräusche der Tiere und natürlichen Gegebenheiten und Gefahren, von denen unsere Vorfahren umgeben waren. Entwicklungsgeschichtlich betrachtet ist der Hörsinn also ein sehr früher Sinn – und er hat sich zu einem unserer wichtigsten entwickelt. Es ist immer wieder faszinierend, dass ein solch universelles Instrument so fein auf Geräusche, Töne, Melodien und Klänge sowie Musik, die uns erst einen Bruchteil dieser Zeit begleitet, gestimmt ist. Wie teilt sich im Ton eine Stimmung mit? Warum klingt für den Menschen der Ton einer Steel-Drum fröhlich und lebensfroh, der einer Oboe traurig oder rührend, der einer E-Gitarre fordernd und herrschend? Mit dem Hörsinn sind tiefste Emotionen verbunden, Klänge unterstützen diese Gefühle, können sie auslösen, verschieben, verstärken oder auch zum Verschwinden bringen.

„Musik und Rhythmus finden ihren Weg zu den geheimsten Plätzen der Seele."

Plato
(427-348 od. 347 v. Chr.), griechischer Philosoph

Das Geräusch entsteht im Kopf. Sicher kennen Sie die alte philosophische Frage, ob es einen Knall gibt, wenn in einem Wald ein Baum umfällt, aber niemand in der Nähe ist, es zu hören. Denn um gehört zu werden, bedarf der Schall, bedürfen die Schallwellen eines Trommelfells, der anschließenden Weiterleitung an eine Nervenzentrale und einer individuellen Aufladung mit Bedeutung: „Dieser Schall bedeutet, ein Baum ist umgefallen". Schwingungen also entstehen, wenn ein Baum umfällt, das Geräusch des umfallenden Baums aber entsteht erst durch die Interpretation, bis dahin ist es nur ein unbedeutsames Krachen.

Gleichzeitig weckt das Geräusch des fallenden Baumes das Bild dazu in unserem Kopf, die Interpretation erweckt das Geräusch zur Vision, zum Leben, macht es mehrdimensional, lädt es mit Bedeutung auf, stellt ihm Emotionen zur Seite. Das sind Fragen, mit denen sich die Psychoakustik beschäftigt.

Und das sind die Grundlagen des Audio-Brandings und des Audio-Marketings, denn mit diesen Bedeutungen und diesen Emotionen lässt sich spielen wie auf einer Klaviatur, sie lassen sich erzeugen, orchestrieren, interpretieren, nutzen.

» Mehr dazu siehe Seite 47 ff.

2. **Hören ist anscheinend ja so viel mehr als bloß „Geräusch im Ohr". Welche Dimensionen hat der akustische Sinn?**

Würde Ihnen jemand diese Frage „live" stellen, so würden Sie vielleicht sagen, dass sie bei Ihnen „auf zwei Ohren", mit Botschaften auf zwei Ebenen angekommen ist. Auf der ersten Ebene wäre der menschliche Hörbereich gemeint, der den Schwingungsbereich von 16 Hertz bis 20.000 Hertz (20 kHz) umfasst. Dieser ändert sich mit zunehmendem Alter, die obere hörbare Frequenz sinkt dann signifikant ab. Ein gut hörender und geübter Mensch kann nach verschiedenen Untersuchungen übrigens Differenzen bis ein Sechzigstel eines Ganztonschrittes feststellen und über 300 Lautstärken auseinander halten. Selten machen wir uns klar, ein wie feines Instrument unser Hörsinn doch ist, welche differenzierten Welten er uns eröffnet!

Auf der zweiten Ebene unterscheidet sich der akustische Sinn quasi nach „aufsteigendem Abstraktionsgrad" nach Schall, Ton, Klang, Melodie, Harmonie, Rhythmus, Komposition und Emotion.

3. **„Töne bringen die Seele zum Klingen" ist ein bekannter Ausspruch. Warum spricht uns der Hörsinn so stark emotional an?**

Akustische Reize, so auch Musik, haben eine stark aktivierende Wirkung, die durch ihre vegetativen und emotionalen Effekte begründet sind. Die Sinnesorgane, in dem Fall das Ohr über die Hörbahn, sind mit der **formatio reticularis** verbunden. Dies ist ein ausgedehntes Neuronennetzwerk im Hirnstamm, dem eine Reihe von Aufgaben zukommt. Sehr vereinfachend gesagt, gehört dazu auch das Zustandekommen von Weckreaktionen und die allgemeine Aktivierung. Die formatio reticularis ist auch mit dem Limbischen System verbunden und damit zudem für die emotionale, affektive Aufladung von Sinneseindrücken bedeutsam. Das Limbische System ist eine (in der aktuellen Diskussion unterschiedlich weit ausgelegte) Funktionseinheit des Hirns, der – neben anderen – die Verarbeitung von Emotionen sowie die Ausschüttung von Endorphinen, körpereigenen Glücksstoffen, zugeschrieben wird.

„Musik ist eine Form der Kunst, die uns erlaubt, eingesperrte Emotionen zu befreien."

Irina Rauthmann
(* 1958), deutsche Aphoristikerin und Lyrikerin

4. Hören hat viele Funktionen: Orientierung, Information, Emotion. Welche noch?

Hören hat auch eine Schutzfunktion! Akustische Signale sind aufgrund ihrer Verbreitung als Schallwellen universeller und oft auffälliger als beispielsweise optische. Daher gibt der Hörsinn allen (hörenden) Wesen Orientierung und Schutz. Als unsere Vorfahren durch die afrikanische Savanne streiften, kündigte ein Knacken im Busch das gefährliche Tier an, lange bevor sie es sehen konnten. Das Heulen der jagenden Wölfe warnte die Menschen in finsteren Nächten, mit kreischenden Lauten weisen sich Vögel oder Affen gegenseitig auf lauernde Gefahren hin. Und auch unsere moderne Welt ist voller Alarm- und Signaltöne, voller Martinshörner, Hupen, Sirenen,

die uns in den Ohren gellen und uns viel intensiver und „unentrinnbarer" vor drohenden Gefahren warnen als beispielsweise nur Hinweistafeln.

5. **Was lässt sich durch gezielte, orchestrierte Adressierung des Hörsinnes aus der Perspektive eines werbenden oder kommunizierenden Unternehmens erreichen?**

Akustisches Erleben startet unterbewusste Programme, die Emotionen auslösen und uns in bestimmte Grundstimmungen versetzen, sie wecken Instinkte in uns: Warnende akustische Signale wie Sirenen wecken Fluchtinstinkte, das fröhliche Glucksen eines Kleinkindes weckt Schutzinstinkte, eine verführerisch-sanfte Frauen- oder eine männlich-kernige Stimme weckt sexuelle Instinkte, das verführerische Knuspergeräusch eines Nahrungsmittels erzeugt ein instinktives Hungergefühl, ein Verlangen.

„Intuition ist Intelligenz mit überhöhter Geschwindigkeit"

Italienisches Sprichwort

Instinkte und Emotionen aber sind die eigentlichen Entscheider „im Menschen", durch sie werden Marken- und Kaufentscheidungen eigentlich getroffen – im Kopf werden sie im Nachhinein rationalisiert, also rational vor uns selbst gerechtfertigt.

Im Rahmen dieser emotionalen Konditionierung wird – allgemein gesprochen – angenehme Musik, schöner Klang mit positiven Gefühlen in Verbindung gebracht und führt in der Übertragung auf Marken oder Produkte zu einer positiven Markenwahrnehmung, also der Stärkung der Markensympathie. Darüber hinaus wird ein positives, affirmatives Setting geschaffen, das eine offene, bejahende Grundstimmung des Markenkonsumenten, Kunden, Geschäftspartners evoziert. Dies kann beispielsweise die Werbereaktanz verringen oder die Bereitschaft der Wiederanbindung erhöhen.

Instinkte und Emotionen sind die eigentlichen Entscheider.

6. **Im designerischen Bereich gibt es gewisse Regeln, die bei der Gestaltung von Corporate Identities und allen visuellen Medien berücksichtigt werden. Gibt es das auch bei der auditiven Gestaltung?**

Wirkung und Gestaltung von Musik werden in der Musikpsychologie durch gewisse Gesetzmäßigkeiten erläutert. Diese finden auch bei der Gestaltung der Module des Audio-Brandings Anwendung. Sie beziehen sich auf Ähnlichkeit, Nähe, Zusammenhänge oder Interpretationserfahrungen von Klängen beziehungsweise Tönen (akustischen Signalen). Sofern Musikstücke gemeint sind, gelten die Lehren und Parameter der Komposition.

„Mit dem Leben ist es wie mit der Musik. Beides muss statt nach Regeln mit Phantasie, Gefühl und Instinkt komponiert werden."

Samuel Butler der Ältere
(1612-1680), englischer Satiriker

7. Was trägt die Psychoakustik zu unserem Verständnis des Hörens bei?

Die Psychoakustik beschäftigt sich als Teilgebiet der Psychophysik mit der Beschreibung des Zusammenhanges zwischen den physikalischen Eigenschaften von Schall als Schallereignis und der menschlichen Empfindung als Hörereignis. Zur Beschreibung dieser Eigenschaften werden am häufigsten die Parameter Lautheit, Schärfe, Tonhöhe, Rauigkeit und Schwankungsstärke herangezogen.

„Die Musik drückt das aus, was nicht gesagt werden kann und worüber zu schweigen unmöglich ist."

Victor Hugo
(1802-85), französischer Dichter

8. Wie wird ein Hörereignis emotional-affektiv aufgeladen?

Hier wirken verschiedene Parameter zusammen, darunter die Instrumentierung, die Hörer je nach kultureller Prägung mit verschiedenen Stimmungen assoziieren. Außerdem gehört dazu die Tonalität: Sicher bringen auch Sie Dur-Tonarten tendenziell stärker mit fröhlichen Gefühlen und vielleicht sogar mit starken, frischen Farben in Verbindung, während Moll-Tonarten eher mit Melancholie, Trauer und Geheimnis verbunden sind. Ihnen werden in Studien zu auditiv-visuellen Synästhesien, also zur Verbindung von Hör- und Seh-Ereignissen auch eher dunkle Farben oder „Unfarbigkeit" zugeordnet.

Siegmund Helms hat in seinen Publikationen (so: Musik in der Werbung, Breitkopf & Härtel, 1981) einen Überblick über den Klangcharakter von Tonarten zusammengestellt; demnach wird C-Dur als „ernst, aber dumpf", D-Dur als „heiter, lärmend, aber gewöhnlich", Es-Dur als „majestätisch, ernst und heroisch", E-Dur als „edel", F-Dur als „markig und kräftig" sowie As-Dur als „sanft und sehr edel" empfunden. Unter den Moll-Tonarten wird C-Moll der Klangcharakter „düster", G-Moll „schwermütig, hell klingend und sanft" sowie H-Moll „wild und heftig" zugeordnet.

9. Welche emotional-affektiven Assoziationen können mittels der Instrumentierung ausgelöst werden?

Hier handelt es sich um Bilderwelten, die Hörer – zumindest in unseren Breitengraden – mit bestimmten Instrumenten assoziieren, einfach, weil sie es kulturell so gelernt haben. Alexander-Long Vinh stellt diese in seiner Publikation über die Wirkungen von Musik in der Fernsehwerbung (St. Gallen, 1994, S. 33) wie folgt zusammen:

Instrumente und klischeehaft verbundene Assoziationen	
Akkordeon	Hafenstimmung, Volksmusik, Frankreich (bei ¾-Takten)
Banjo	Dixi-Musik, Western
Cembalo	Barock
Dudelsack	Schottland
E-Gitarre	Rockmusik
Flöte, Querflöte	Leichtigkeit, Natur, Reinheit
Hörner	Natur, Wald, Jagd
Kastagnetten	Spanien, Flamenco, Temperament
Konzert-Gitarre	Spanien
Mandoline	Italien
Orgel	Sakrales, Kirche, Festlichkeit
Sitar	Indien, Orient
Synthesizer	Technik, Präzision
Trommel	Spannung, Militär, Überraschung

vgl. Vieth, Alexander-Long: Wirkungen von Musik in der Fernsehwerbung, St. Gallen, 1994, S. 33

Diese Liste lässt sich weiter ergänzen, da viele Instrumente der World Music heute Teil unseres kulturellen Allgemeingutes sind. Die Dramatik der Taiko-Trommeln aus Japan versetzt uns in Aufruhr, die russische Balalaika steht für Sehnsucht und Weite, das Didgeridoo der nordaustralischen Aborigines wirkt archaisch, geheimnisvoll, in die Ferne lockend auf uns. Steeldrums bringen wir mit Heiterkeit, Sonne, Wärme, gelben und roten Farben, der Karibik in Verbindung, Drums und Congas stehen für Afrika, Metallophone des Gamelan und Windklangspiele ordnen wir Indonesien und asiatischen Ländern zu. Solche Instrumentierungen dienen so mit gut zur Illustrierung z. B. von Fernweh, Touristik, Urlaubsstimmung und auch zur Weckung von Neugierde, sie bergen Geheimnisse, verzaubern mit Exotik.

10. **Welche weiteren kulturell geprägten Assoziationen sollten an dieser Stelle weiter bedacht werden?**

Attributunterstellungen

Zum einen ordnen Hörer in unserem Kulturkreis bestimmte Musikstile definierten Produktimages zu. Bertoni und Geiling haben 1997 eine mittlerweile weit verbreitete, wenn auch wissenschaftlich noch nicht vollständig validierte Auflistung publiziert, die die Korrelation, eine Passung, zwischen Musikstil und Produktparametern beschreibt:

Musik		Produktimage	Produktmerkmale
Klassische Musik	Barock	Präzision, Qualität	Uhren, Luxusgüter
	Klassik	Eleganz, Reife	Wein, Sekt, Nahrungsmittel
	Romantik	Liebe, Emotionen	Schmuck, Parfums
Popmusik	Tanzmusik	Schwung, Lebensfreude	Getränke, Genussmittel
	Rapmusik	Protest, Differenzierung	Freizeit- und Sportartikel
	Rockmusik	Selbstbewusstsein	Bier, Jeans
	New Age	Natur, Ursprünglichkeit	Nahrungsmittel
Jazz		Andersartigkeit	Kosmetika, Parfums
Volksmusik	Volkslieder	Bodenständigkeit	Regionales
	Kinderlieder	Unbeschwertheit	Spielzeug, Süßigkeiten
	Militärmusik	Kraft, Disziplin	Reinigungsmittel

Passung Musikstil – Produktparameter, nach Bertoni, A. / Geiling, R.: Funktion der Musik in der Werbung, 1997, S. 420

„Erfolgreiches Marketing ist immer einfach. Es gründet sich auf solide Arbeit bei Produktion und Dienstleistungen – und, am wichtigsten, auf Wahrheit."

Michael J. Pabst
amerikanischer Biochemiker und Hochschullehrer

Farbkorrelationen

Zum anderen werden, wie schon angedeutet, Klänge nach den Tonarten nicht nur mit Beschreibungen wie „edel", „hell" oder „schwermütig" in Verbindung gebracht, sie korrelieren auch mit Farben. (Was, wenn man über Schwingungen nachdenkt, auch nicht weiter verwunderlich ist.) Hier gibt es eine Reihe von interessanten Ergebnissen, die allesamt darauf hinweisen, dass Dur-Tonarten stark farbig und leuchtend sind, C-Dur beispielsweise korreliert mit Rot. Entsprechend lässt sich von den „schwermütigeren und edleren, verhüllten" Moll-Tonarten auf dunklere, gesättigtere Farbtöne schließen. Farben wiederum korrelieren auch mit emotional-affektiven, ästhetischen und haptischen Produkteigenschaften und -attributen wie Sauberkeit, Frische, Jugendlichkeit, Duft, Luxus, Wohlbefinden, Ruhe, Anmut, Stofflichkeit/Dichte, Gewicht, Textur etc. – kurz, wir befinden uns hier in einem synästhetischen Gesamtsystem.

Tipp: Hier sehen Sie sofort die Verbindung zwischen auditiver Repräsentation und visueller Corporate Identity und Imagery Ihres Unternehmens. Wie dies im Einzelnen umgesetzt werden kann, wie visuelle Außendarstellung und auditive Kommunikation sich gegenseitig im ganzheitlichen Branding-Prozess bestärken, wird eine erfahrene Agentur im Beratungs- und Produktionsprozess mit Ihnen erarbeiten.

11. Musikstile, Tonalitäten, Instrumentierungen und
    Rhythmen bringen wir also unbewusst mit unter-
    stellten Attributen von Marken oder Produkten in
    Verbindung. Wie nutzt man diese Erkenntnis im
    Audio-Branding?

Indem man versucht, einen möglichst großen Fit zwischen dem
Sound-Konzept und der akustischen Module und einerseits
den erwünschten Attributen, die man dem Produkt beiordnen
will, sowie andererseits dem durch die anderen Branding- und
Marketingmaßnahmen vorkonfiguriertem Erwartungsbild der
Konsumenten herzustellen. Fit nennt man die Passung akusti-

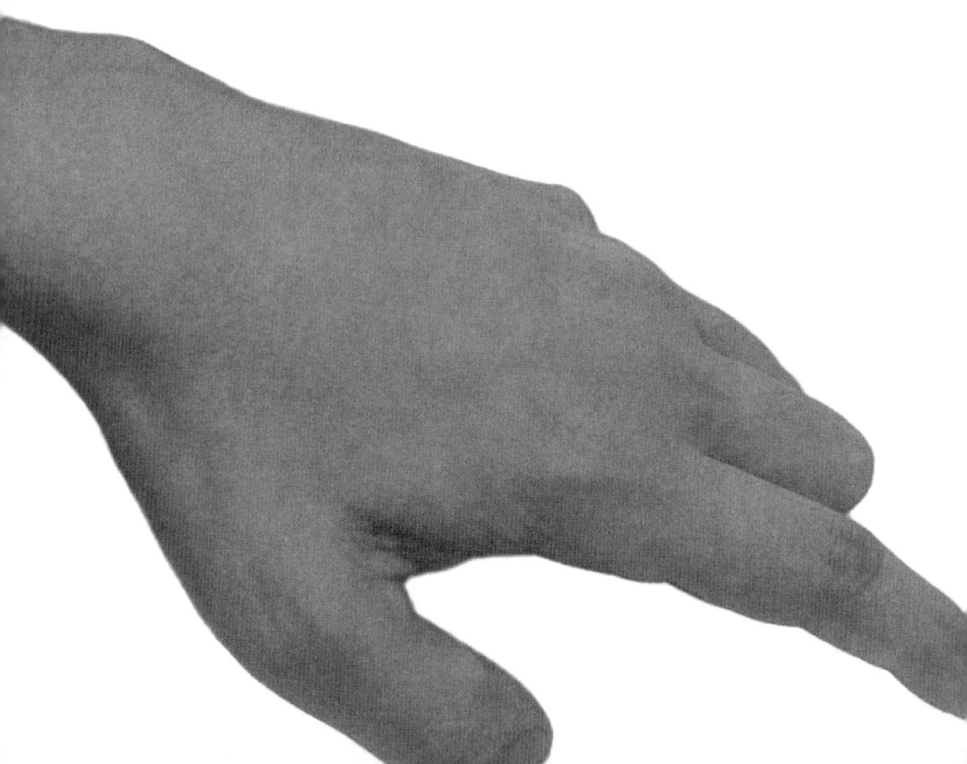

scher Elemente auf die einer Marke zugeordneten Erwartungs-
schemata. Solche Schemata legt das menschliche Gehirn an, um
die vielen äußeren Einflüsse zu ordnen, zu kategorisieren – und
sich so mit vor einem kognitiven Overflow, einem Chaos zu
schützen. Jede sinnlich erfahrene neue Information wird also
vom Rezipienten unbewusst und unwillkürlich mit dem Schema
abgeglichen, das er von einer Marke, einem Unternehmen,
einem Produkt hat. Je besser die Übereinstimmung der neuen
Information mit dem bestehenden Schema, je tiefer prägt sie
sich ein. In der Konsequenz bedeutet das, dass „fitting music"
die Effizienz und die nachhaltige Erinnerung einer intendierten
Markenbotschaft wie z. B. in der Werbung deutlich steigert.

12. Welche Rückschlüsse können auf die Wirkung von Hintergrundmusik gezogen werden? Was ist bei Corporate Sound Scapes zu beachten?

» Mehr zu Corporate Sound Scapes siehe Seite 66.

Corporate Sound Scapes, also nahezu unbemerkbare Klang-Räume, haben eine besondere Bedeutung, wenn es um die Unterstützung des gesamten Erlebens einer Kommunikationssituation geht. Die Hintergrundmusik wirkt eher subtil und unterbewusst und soll die Kerninformationen unterstützen. Wie dies am besten geschieht, darüber hat die Wissenschaft Forschungen angestellt.

Es gibt eine Vielzahl von Studien zu Zusammenhang und Interaktion der auditiven Sinneseindrücke wie Lautstärke, Tempo, Rhythmus, Tonarten und Instrumentation.

Grob gesagt, korrelieren laut Untersuchungen Lautstärke, Tempo und Rhythmus bis zu jeweils einem gewissen Grad mit Aktivitätssteigerungen bei Testpersonen, ab definierten Schwellen allerdings sind Stresssymptome zu beobachten. Was speziell Hintergrundmusiken betrifft, kommen amerikanische Studien, so von Martin Lindstrom und Ronald E. Milliman zu dem Schluss, dass langsamere Tempi die Verweildauer von Probanden in verschiedenen Umgebungen erhöhen, dies sich aber sehr unterschiedlich auf die erzielten Umsätze auswirkt. Auf andere der genannten Sinneseindrücke bezogen legen Studien nahe, dass keine direkten psychologischen Effekte abzuleiten sind; respektive hängen diese mit weiteren Parametern wie Hörgewohnheiten oder kulturell-soziologischen Eigenheiten und Erfahrungsmustern sowei geprägten Assoziationen, zusammen.

Eine kurze oder gar allgemeingültige Antwort auf dies
kann es also nicht geben – bei allen Modulen des Aud
dings ist auf die kulturell-soziologischen Eigenheiten
sierten Zielgruppen sowie der Umsetzungsmöglichkeiten
von Ihnen intendierten Wirkungen auditiver Sinneseindrücke,
so weit sie bekannt sind (Tonalität, auditiv-visuelle Assoziationen, Instrumentierung), zu rekurrieren.

*Tipp: Vertiefend empfiehlt sich hier: Springer, Christiane: Multi-
sensuale Markenführung: Eine verhaltenswissenschaftliche Analyse unter besonderer Berücksichtigung von Brand Lands in der
Automobilwirtschaft, Gabler Edition Wissenschaft, Wiesbaden,
2008, insbes. S. 67 ff.*

*„Nach US-amerikanischen Forschungen
werden alle Menschen mit dem
absoluten Gehör geboren. Sie verlieren
die Fähigkeit mit dem Erlernen der
Sprache und weil sie sie nicht nutzen.“*

3sat, nano / Wikipedia

Audio-Branding und Audio-Marketing

Audio-Branding und Audio-Marketing

Audio-Branding:
strategische,
auditiv gestützte
Markenführung

Wie können Sie den Kern Ihrer Unternehmens- oder Produktmarke(n), ihre Werte, Attribute und den Emotional Value Added unvergleichlich erklingen lassen und damit eine Tür zum Kopf und zum Herzen, zum Bewusstsein und Unterbewusstsein der Kunden aufschließen?

Das, kurz gefasst, ist die Frage, die Audio-Branding beantwortet. Unter Audio-Branding verstehen wir einen strategischen Prozess der Markenführung und Markenpflege unter Entwicklung einer definierten Sound Identity. Das ist eine klangliche, eine auditive Identität, die im Corporate Sound ihren Ausdruck findet. Der Corporate Sound wird in einer Vielzahl von auditiven Modulen unter Einsatz von definierten und wiedererkennbaren Musiken sowie akustischen und sprachlichen Elementen umgesetzt. Im Rahmen des Audio-Marketings werden diese an allen Kommunikationsschnittpunkten in allen Medien mit dem Ziel der Attraktion und Bindung von Kunden eingesetzt.

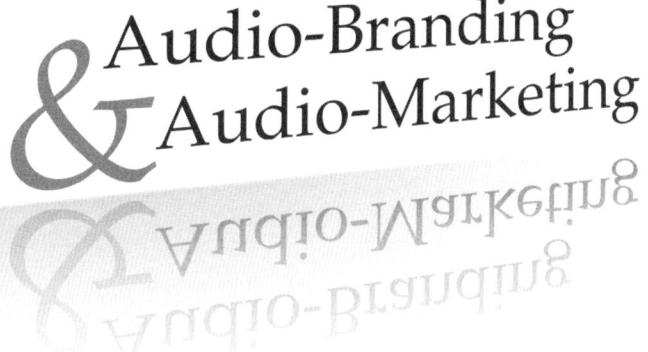

An welchen Kommunikationsschnittstellen und in welchen Medien erlebt Ihr Kunde Ihre Marke – und wie können Sie ihn dort mit auditiven Modulen emotional so packen, dass er sich wohl fühlt, dass er in eine affirmative, zustimmende Grundhaltung Ihrer Marke oder Services gegenüber versetzt wird, dass er Ihre Marke entdeckt – neu entdeckt – begeisternd erlebt – ihr treu bleibt – sie weiterempfiehlt? Diesen Fragen widmet sich das Audio-Marketing.

Audio-Marketing: orchestrierte auditive Module an allen Kommunikationsschnittstellen versetzen Kunden in positive Grundstimmung

Um es auf eine Kürzestformel zu bringen: Mit Audio-Branding bezeichnen wir den strategischen Prozess der auditiven Markenführung, mit Audio-Marketing die Umsetzung in den konkreten auditiven Modulen und Anwendungsbereichen (siehe Kapitel 3). Dazu gehören auch die wichtigen daily Touchpoints Internet und Telefonie, die in diesem Zusammenhang oftmals vergessen werden. Wir widmen ihnen ein eigenes Kapitel (Kapitel 4), da dem Audio-Interface-Design, der auditiven Nutzerführung an diesen Touchpoints, eine immense und ständig wachsende Bedeutung zukommt.

Emotionalisierter Dialog mit dem Kunden

Hinweis: In der Literatur findet eine Vielzahl von ähnlichen Begriffen wie Sound Branding, Sonic Branding, Acoustic Marketing oder Acoustic Branding, Auditives Branding und Marketing Verwendung. Auch für die Module finden sich unterschiedliche Begriffe wie Audio Logo oder Corporate Sound Logo. Gemeint sind damit aber immer auditiv gestützte, emotionale Dialogprozesse mit Kunden und Geschäftspartnern – wir sprechen in diesem Buch einheitlich von Audio-Branding und Audio-Marketing.

1. Was ist das Ziel von Audio-Branding?

Audio-Branding ist als akustische Markenführung ein wichtiger Aspekt der gesamtstrategischen Markenführung (Branding), womit die umsichtige und kontinuierliche Betreuung und Positionierung sowie Promotion einer Marke auf dem Markt gemeint ist. Akustische Markenführung zielt auf die Differenzierung, Promotion und Identifikation einer Marke unter klanglichen Aspekten ab.

„Verkaufen heißt, dem Käufer behilflich sein, mit der Ware eine positive Vorstellung zu verbinden."

Helmar Nahr
(*1931), deutscher Mathematiker, Wirtschaftswissenschaftler und Unternehmer

Ein Ziel ist, den Wert dieser Marke nach verschiedenen Parametern kontinuierlich zu erhöhen, was sich unmittelbar in der Durchsetzbarkeit höherer Preise, in höheren Eroberungsraten, größerer Kunden- und auch Mitarbeiter-Loyalität und letztlich auch in mehr Profit auszahlt. Man kann sagen, Audio-Branding trägt als ein Garant zum langfristigen wirtschaftlichen Erfolg einer Marke oder eines Unternehmens bei.

2. Welche Module des Audio-Brandings- und -Marketings werden unterschieden?

Der Prozess des Audio-Brandings mündet in die Definition der Sound Identity, der klanglichen oder „akustischen Identität", als grundlegender deskriptiver Plattform für alle auditiven Maßnahmen. Sie ist Basis für die Entwicklung des Corporate Sounds und aller auditiven Module.

Wir unterscheiden im Audio-Marketing zwischen den auditiven Modulen und ihren Anwendungsgebieten. Die Module des Corporate Sound wie Earcon, Corporate Jingle, Audio-Logo, Song etc. stellen wir hier im Einzelnen kurz vor. Diese können in Kombinationen und Adaptionen in einer nahezu unbegrenzten Zahl an Anwendungsgebieten, Kommunikationsschnittstellen und Medien zum Einsatz kommen – womit wir uns im nächsten Kapitel beschäftigen.

Unterscheidung zwischen den auditiven Modulen und ihren Anwendungsgebieten im Audio-Marketing

Sound Identity (SI)

Die Sound Identity, auch Sound-ID genannt, ist die Basis allen klanglichen Geschehens. Als akustische Identität beschreibt sie die emotional-affektiven Komponenten und die kommunikativen Aussagen, die mit der Marke in Verbindung gebracht werden und die das Klangkonzept transportieren sollen. Sie findet ihren Ausdruck im Corporate Sound.

In die Sound Identity fließen alle strategischen Überlegungen zur Markenführung aus dem Prozess des Audio-Brandings: Sie legt als „Leitfaden" oder Plattform fest, wie die Markenattribute und -werte in Melodie, Tempo, Rhythmus, Instrumentierung, Tonalität und weiteren Parametern umgesetzt werden.

„Zeichnen ist Sprache für die Augen,
Sprache ist Malerei für das Ohr."

Joseph Joubert
(1754-1824), französischer Schriftsteller

Corporate Sound

Der Corporate Sound umfasst die Gesamtheit aller akustischen Elemente, die in der speziellen Markenstrategie eines Unternehmens umgesetzt werden, wie unter anderen Corporate Sound Logo, Corporate Jingle, Corporate Voice(s), Corporate Sound Scape, Corporate Song und Hymn.

Eine einheitliche multisensorische Markenwahrnehmung kann nur erreicht werden, wenn der Corporate Sound konsequent und in allen Medien mit akustischer Relevanz eingesetzt wird. Die verschiedenen Elemente des Corporate Sound bieten einen breiten Gestaltungsspielraum sowie differenzierte Spiel- und Einsatzmöglichkeiten. Zudem sind für neue und innovative Anwendungen auch Erweiterungen des Corporate Sound denkbar.

Corporate Sound Module

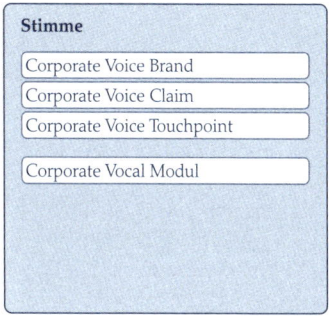

Stimme

Corporate Voice Brand
Corporate Voice Claim
Corporate Voice Touchpoint

Corporate Vocal Modul

Klangelemente

Corporate Sound Logo
Corporate Jingle
Corporate Earcatcher / Earcon
Corporate Music
Corporate Sound Scape
Corporate Song
Corporate Theme Song
Corporate Hymn

Corporate Sound: Beispiel für zusammenspielende auditive Elemente und Module in unterschiedlichen Prozessstufen des Audio-Interface-Designs am Touchpoint Telefonie

Corporate Sound Logo

Das Corporate Sound Logo, auch Audio Logo genannt, ist das auditive Äquivalent zum visuellen Logo (Bildmarke) einer Marke und bringt in wenigen Sekunden den Markenkern auf den musikalisch eingespielten und/oder gesungenen Punkt. Es ist kurz, emotional, unverwechselbar und erzeugt mit wenigen Tönen eine Stimmung. In multimedialen Darstellungen wird das Corporate Sound Logo oft mit dem visuellen Logo verknüpft.

» Ein Beispiel: Das Corporate Sound Logo des Chipherstellers Intel® wird jedes Mal zusammen mit dem Bildlogo eingeblendet, wenn in einem TV-Spot für Computer erwähnt wird, dass sich ein solcher Prozessor „inside" befindet.

» Corporate Sound Logos können unter Umständen als Hörmarke geschützt werden, siehe dazu Seite 132 f.

Corporate Sound Logos können unter gewissen Voraussetzungen als Hörmarke (Klangmarke) beim DPMA oder dem Europäischen Patentamt eingetragen werden, was ihnen verstärkten Schutz vor Nachahmung verleiht.

Corporate Jingle

Der Corporate Jingle ist in der Regel die „längere Version" des Corporate Sound Logos, oft in Verbindung mit dem gesungenen oder gesprochenen Werbeslogan, dem emotionalen Werbeversprechen.

» Ein Beispiel: „Wenn's um Geld geht – Sparkasse".

„Musik ist die Melodie, zu der die Welt der Text ist."

Arthur Schopenhauer
(1788-1860), deutscher Philosoph

Corporate Earcatcher / Earcon

Darunter verstehen wir die kleinsten auditiven Elemente, auffällige Geräusche und Klangfragmente, die in den Sound eingebettet werden und hohen Aufmerksamkeitswert erzeugen. Außerdem dienen sie zur thematischen Positionierung.

» Ein Beispiel: Wasserklänge, Bongos, Steelpans und Möwengeschrei in der Touristik bei AIDA Cruises

Corporate Song

Ein speziell für die Marke komponierter oder bereits bekannter, adaptierter Song, der auch das Soung Logo und/oder den Corporate Jingle beinhalten sollte.

» Ein Beispiel: „Wie wo was weiß OBI®",
Rocksong mit neuem Text

Corporate Theme Song

Neben den Corporate Songs tauchen z. B. in der Werbung auch noch sogenannte Corporate Theme Songs oder Commercial Songs auf, die eine definierte Werbekampagne für eine gewisse Zeit begleiten.

» Ein Beispiel: „Like Ice in the Sunshine" für Langnese ™

Corporate Hymn

Die Corporate Hymn oder Unternehmenshymne ist oft ein emotional besonders mitreißender, stimmungsvoller Song, der auch durch seinen Text ein „Wir-Gefühl" erzeugen soll und meist nach innen, auf Veranstaltungen und Firmenfeiern zur Unterstützung des Teamgeistes, eingesetzt wird.

Corporate Voice(s)

Corporate Voices sind die Stimmen der Marke. Sie vertonen als Text Voices die Textmodule in Werbespots, Sprachanwendungen an den Touchpoints Telefonie und Internet sowie in Firmenpräsentationen und Imagefilmen. Ihr Geschlecht und Klang, ihre

Sprachfärbung und Tonalität muss in ihrer Persönlichkeit und ihrer emotionalen Aussage die Markenpersönlichkeit widerspiegeln.

Darüber hinaus gibt es die Branding Voices, meist bekannte männliche oder weibliche Synchronstimmen, die in Corporate Jingles oder Corporate Sound Logos der Markenpersönlichkeit einen hohen Wiedererkennungswert verschaffen.

» Ein Beispiel: Die deutschen Synchronstimmen von Angelina Jolie und Brad Pitt wurden als Branding Voices von AIDA Cruises eingesetzt.

Corporate Sound Scape

Als Corporate Sound Scapes werden inszenierte Klanglandschaften bezeichnet, angenehme Soundhüllen für Wohlfühlatmosphäre, die großflächig zum Einsatz kommen. Der Begriff wird auf Raymond Murray Schafer, einen kontemporären kanadischen Musikforscher, Autor und Komponisten, zurückgeführt.

Corporate Sound Scapes werden am Point of Sale (PoS) oder Point of Information (PoI), in Shops und Kaufhäusern, Ausstellungen, Firmenfoyers und Messeständen sowie auf Websites eingesetzt.

Eine besondere Bedeutung kommt ihnen im Interface-Design telefonischer Kontakt- und Service-Portale zu: Hier sorgen Corporate Sound Scapes für eine überzeugende System-Aura, ohne vom Dialogpfad abzulenken.

„Die Kunst des Marketings besteht darin, sich zu differenzieren und keine Me-too-Produkte zu machen. Die Konsumenten wollen das Original."

Dietrich Mateschitz
(* 1944), österreichischer Unternehmer (Gründer Red Bull GmbH)

3. Warum sind akustische Markenpositionierung und auditiver Imagegewinn so wichtig für langfristigen wirtschaftlichen Erfolg?

„Das Ganze ist mehr als die Summe seiner Teile" – was in jedem Bereich des Lebens gilt, stimmt auch im öffentlichen und im Geschäftsleben. Stückwerk wird niemals die Aussagekraft eines organischen, gewachsenen Ganzen haben. Hektische Einzelaktionen, oft unter großem finanziellen Aufwand initiiert, verpuffen ergebnislos, während überlegte, konzertierte Aktionen meist mit bedeutend weniger Aufwand längerfristig erfolgreich sind. Weil jede einzelne Maßnahme solcher Aktionen alle anderen stützt, in ihrer Bedeutung unterstreicht und nach vorne bringt. Genau das gilt auch im auditiven Bereich: Konsequentes Audio-Branding und -Marketing führt unweigerlich zum auditiven Imagegewinn und zu crossmedialen Synergieef-

Im Kern geht es beim Audio-Marketing um die Entwicklung zielorientierter auditiver Einflüsse, die den Hörer, Konsumenten, Geschäftspartner in eine positive Stimmung versetzen, und die Geschäftsbeziehung fördern.

fekten – und dies schlägt sich in verstärkter Kundenansprache, erhöhter Kundenbindung und wachsender Markentreue und -begeisterung nieder.

In einer Welt der ständig wachsenden globalen Vergleichbarkeit sind Produkte immer weniger die Treiber des wirtschaftlichen Erfolges. Die wesentlichen Treiber sind erstens die Menschen, die in Unternehmen arbeiten, mit ihrem Wissen, Können, ihren Leidenschaften und ihren Inspirationen. Zweitens die emotionalen Mehrwerte (Emotional Value Added), mit denen die Produkte und Leistungen für die Kunden und Geschäftspartner aufgeladen sind, und drittens Image und Prestige, die Marken zugeordnet werden. Mehrwerte, die ein (Kauf-)Verlangen und eine Bindung auslösen. Werden diese Mehrwerte in die akustische Markenpositionierung umgesetzt, wird die Marke auf unterbewusster Ebene unwiderstehlich. Unvergesslich. Unersetzlich.

4. Was sind die Anforderungen an das akustische Design einer Marke?

Die „großen 4 E":
Erkennbarkeit,
Einzigartigkeit,
Emotionalität,
Erweiterbarkeit

Die Anforderungen können wir mit den „großen 4 E" zusammenfassen: Erkennbarkeit, Einzigartigkeit, Emotionalität, Erweiterbarkeit.

Das akustische Design eröffnet zusätzlich zum Corporate Design („Look and Feel" eines Unternehmens), dem Corporate Behaviour (Verhaltensetikette, Codex) und der Corporate

Imagery (abgestimmte Bildwelt) eine weitere Dimension der Corporate Identity – und auf alle diese lassen sich die „großen 4 E" anwenden.

Kurz: Das akustische Design muss die Marke sofort erkennbar und zuverlässig wieder erkennbar machen, es muss einzigartig sein und die Marke mit ihren individuellen Eigenschaften eins zu eins abbilden. Es muss den Emotional Value Added der Marke transportieren und zu einem tiefgehenden Hör-Erlebnis mit unterbewusster Wirkung machen. Und es muss so erweiterbar sein, dass es auf alle Module und alle Anwendungsbereiche – auch neue Formen des Audio-Marketings, an die jetzt vielleicht noch niemand denkt – applizierbar ist, ohne seine Eigenständigkeit und Eigenheit zu verlieren.

„Die Tonsprache ist Anfang und Ende der Wortsprache, wie das Gefühl Anfang und Ende des Verstandes, der Mythos Anfang und Ende der Geschichte, die Lyrik Anfang und Ende der Dichtkunst ist."

Richard Wagner
(1813-1883), deutscher Komponist und Dichter

5. Wie hängen Audio-Marketing und multisensorisches Marketing zusammen?

Die ganzheitliche Markenführung über alle Sinne wird im heutigen Zeitalter der Vergleichbarkeit und Kopierbarkeit immer wichtiger. Es gibt nicht nur immer mehr Marken, sie drohen in überfüllten Märkten auch ihre Exklusivität, ihre Abgrenzbarkeit, ihre Einzigartigkeit zu verlieren. Logos, Wortmarken, Bildmarken können plagiiert werden, damit verlieren sie wirtschaftliche Bedeutung, Image und Prestige. Ganzheitliche multisensorische Markenführung erobert das Terrain zurück: Sie schafft Markenwelten, die mit allen Sinnen gleichermaßen erfahrbar sind, die alle Aspekte der Sensorik umhüllen.

» Mehr zum Limbischen System siehe Seite 29 ff.

Es wird nicht nur gefragt: Was sagt unsere Marke aus, wofür steht sie, wie ist sie gefüllt, welche Zielgruppen spricht sie an, welche Emotionen löst sie aus, sondern auch: Wie sieht sie aus, wie klingt ihr Name, wie hört sie sich an, wie antwortet sie dem Kunden, wie riecht sie, wie schmeckt sie, wie fühlt sie sich an, wie wirken alle diese Sinneseindrücke zusammen. Multisensorisches Marketing wird der Tatsache gerecht, dass unser Kopf wie unser „Bauchgefühl" nicht nur monokausal auf einen Reiz reagieren, sondern auf die Verbindung vieler bewusster und unbewusster Informationen. So unterscheidet das Limbische System im Gehirn beispielsweise auch nicht zwischen Geruch und Geschmack, Duft- und Geschmackserlebnis stoßen diese „Tür zu den Emotionen" gleichermaßen auf. Multisensorisches Marketing adressiert alle Sinne des Menschen, weil diese wiederum gemeinsam unter anderem das Limbische System aktivieren. Audio-Branding und Audio-Marketing sind also alleinstehende Systeme emotionaler Markenführung, sie sind, da sie den „überall aktiven" Hörsinn betreffen, zusätzlich auch entscheidende Faktoren des multisensorischen Brandings und Marketings, dem schlicht die Zukunft gehört.

Wir stehen erst am Anfang dessen, was multisensorisches Marketing zu leisten vermag. Duftdesigner, Sounddesigner, Geschmacksdesigner, ja „emotionale Designer", erarbeiten heute schon genau, wie der Laut klingt, mit dem sich die Tür eines teuren Autos schließt (vom Motorengeräusch ganz zu schweigen), wie ein Neuwagen riecht, wie sich das Leder der Sitze anfühlt, wie das Knuspern klingt, das einen Snack unwiderstehlich für uns macht, wie der Point of Sale riecht, in dem Bücher verkauft werden, wie die Flugkabine großer Airlines, wie der Eingangsbereich des Kaufhauses oder die Coffeebar in einer Shopping-Mall – die ohne Duftdesign heute nach vielem riechen würde, bloß nicht mehr nach Kaffee. Die emotionale Macht der Düfte, des Geschmackes und der Fühlbarkeit – Fühlen und Ge-Fühle hängen eben auch zusammen – und besonders des Hörens rückt immer weiter in den Fokus der Wissenschaft und des Marketings.

Sinn und Sinnlichkeit, „Sense and Sensuality" – oder besser noch: „Sense and Multi-Sensuality" – diese Abwandlung des Literaturklassikers von Jane Austen könnte mottohaft für die moderne Markenführung stehen: Marken müssen Sinn – gemeint sind Orientierung, ein Zugehörigkeitsfeld und eine

Wir stehen erst am Anfang dessen, was multisensorisches Marketing zu leisten vermag.

emotionale Welt – schaffen. Und Marken müssen sinnlich erfahrbar sein, denn so prägen sie sich tief und reproduzierbar in unser Unterbewusstsein ein. In dieser ganzheitlichen Betrachtung kommt dem Audio-Branding nach dem bisherigen Primat des visuellen Brandings eine äußerst entscheidende Bedeutung zu – und sie wächst weiter!

6. Warum ist ein ganzheitliches, umfassendes Klangkonzept wichtig? Reicht nicht eine einheitliche Musik?

» Zum optimalen Design des Voice-User-Interface und Audio-Interface-Design siehe ausführlich Seite 95 ff.

Ein ganzheitliches Klangkonzept ist wichtig, weil nur so der ganze Markenklang erzeugt werden kann. Zum Audio-Branding gehört mehr als die Entwicklung von Sound Identity und Musik. Vor allem gehören dazu Klänge, Harmonien, Tonalitäten, Instrumentalisierungen, Stimmen – aber auch gesprochene oder gesungene Claims oder Texte. Ein besonderer Augenmerk ist auf gesprochene Texte („Prompts") am Touchpoint Telefonie zu richten. Beispielsweise Sprachportale: Hier kommen zwar auch Sound und Module wie Corporate Sound Logos zum Tragen, vor allem aber sind bei den Sprachmodulen, die durch einen Sprachdialog z. B. für eine Bestellung oder Reklamation führen, die Corporate Voices und Betextung der Sprachmodule sowie die Stimmen und Textmodule der Callcenteragents oder Sachbearbeiter, zu denen ein Anrufer schlussendlich durchgeschaltet wird, extrem wichtig.

Auch hier steht die **Crossmedialität** im Fokus – genau wie bei Texten oder Werbe- und Produktaussagen, die ein Unternehmen orchestriert, damit diese für alle Medien gezielt und wiedererkennbar eingesetzt werden können.

7. **In der Theorie ist Audio-Branding ein faszinierendes und überzeugendes Konzept. Warum aber ist es anscheinend so schwer, eine einmal festgelegte singuläre Audio-Branding-Strategie durchzuhalten?**

Für die Mehrzahl der Unternehmen, die eine wirklich professionelle Audio-Branding-Strategie entwickelt haben, ist das überhaupt nicht schwer. Denn zum einen gibt ihnen der wirtschaftliche und Image-Erfolg stets Recht, und zum anderen können für alle Anwendungsmöglichkeiten und aufkommenden neuen Technologien oder Schnittstellen Audio-Marketing-Module entwickelt werden, die genau zu diesem Medium oder der neuen Kommunikatiosschnittstelle passen und die bisherigen in stringenter Weise ergänzen.

Tipp: Definieren Sie in der Audio-Branding-Strategie gemeinsam mit Ihrem Audio-Marketing-Produktionspartner alle Anwendungsbereiche, Touchpoints (Kommunikationsschnittstellen) und Medien, damit alle momentan und zukünftig absehbaren Module abgedeckt werden. Aus diesem Baukasten, basierend auf der Sound Identity, lassen sich weitere Module entwickeln und sanft modernisiert den künftigen Entwicklungen anpassen. So vermeiden Sie spätere Brüche oder „Rückführungen" von Modulen.

Zu Brüchen kommt es eher, wenn die Marketingentscheider wechseln oder in einer Kampagne eine Zusatzauswahl an Musik oder auditiven Elementen genutzt wird, die die akustische Markenidentität beeinträchtigt. Oder wenn von Anfang zum Beispiel die Marketingabteilung oder die Entscheider im Untenehmen nicht hinter einer kompletten Strategie gestanden haben, sondern Einzelmodule einkaufen wollten, „damit wir schnell was haben" für Marketingaktion X oder Event Y.

Besser angelegt ist das Geld jedoch in jedem Fall in einem stimmigen Gesamtkonzept, in dem alle Module langfristig zusammenwirken und ihre Wirkung crossmedial unterstützend entfalten.

„Musik allein ist die Weltsprache und braucht nicht übersetzt zu werden."

Berthold Auerbach
(1812-1882), deutscher Schriftsteller

8. **Welche Gefahr für die Marke birgt ein schlecht gewähltes oder inkonsequentes Audio-Branding-Konzept?**

Wie jeder machtvolle Sinneseindruck kann auch Klang prinzipiell negativ wirken, allerdings müssen wir hier mehrere Ebenen unterscheiden:
Niederfrequenter Schall, dem Menschen auf Dauer ausgesetzt sind, macht krank. Dauerbeschallung kann sehr nervig sein.
Und ein falsch gewähltes oder unabgestimmtes Sound-Konzept kann einen un-er-hörten Markenschaden provozieren, weil es entweder nicht zum Unternehmen passt oder eine falsche, unerwünschte Botschaft enthält oder – was sehr häufig vorkommt – Verwirrung stiftet und die Wiedererkennbarkeit des Markenkörpers zerstört, da der Kunde an verschiedenen Schnittstellen (Touchpoints) zum Unternehmen mit unterschiedlichen auditiven Merkmalen verwirrt wird.
Gerade deshalb ist ein eindeutiges und kohärent durchgehaltenes auditives Branding so wichtig!

… ein falsch gewähltes oder unabgestimmtes Sound-Konzept kann einen un-er-hörten Markenschaden provozieren …

Anwendungsgebiete des Audio-Marketings

Anwendungsgebiete des Audio-Marketings

Die Kommunikationsschnittstellen zwischen Unternehmen und Kunden sowie Geschäftspartnern sind zahllos – und mit den neuen Medien wachsen die Möglichkeiten des Einsatzes orchestrierter auditiver Kommunikation ständig. Soundfiles lassen sich auf so kleine Datengrößen komprimieren, dass Audio uns überall hin begleiten kann, dass kleinste Speichermedien mit Audio-Marketing-Modulen aufgeladen werden können. Und so können alle Touchpoints zwischen Unternehmen und Kunden mit den entsprechenden Modulen des Audio-Marketings ausgerüstet werden: Corporate Songs und Sounds untermalen Radio- und TV-Spots sowie Internet-Marketingkampagnen, Gewinn- und Glücksspiele, Verlosungen oder ähnliche Web-Aktionen. Corporate Sound Scapes machen Shops und Messeauftritte zu emotionalen Erlebnissen, Corporate Soundfiles lassen sich an E-Mails anhängen, untermalen Imagefilme und Webbanner, tönen aus Point of Information-Systemen, leiten PodCasts und Video-PodCasts (Vlogs) ein, melden sich in Klingeltönen und auf Anrufbeantwortern und bilden den Hintergrund für den strukturierten Dialog mit Kunden am Telefon und in Self Service-Prozessen. In diesem Kapitel widmen wir uns der Vielzahl der Anwendungsmöglichkeiten.

1. An welchen Kommunikationsschnittstellen werden die Module des Audio-Marketings eingesetzt?

Es gibt heute faktisch keinen Bereich mehr, in dem wir auf die auditive Markenführung verzichten müssen. Bei jedem direkten oder medial-technisch unterstützen Kontakt können wir Module des Audio-Marketings nutzen, um unsere Unternehmen, Marken, Produkte und Dienstleistungen emotional, besonders, sympathisch und wiedererkennbar hervorzuheben und positive Grundstimmungen zu schaffen, die die Kauflaune steigern und ein Wohlgefühl schaffen, das sich auf die Einstellung der Kunden und Geschäftspartner überträgt.

Je nach Kontaktfrequenz unterscheiden wir nach den Daily, also täglichen, und den Special, also eher außergewöhnlichen, Touchpoints. Damit sind die Kommunikationsschnittstellen als Einsatzgebiete der Audio-Module gemeint:

Daily und Special Touchpoints als Einsatzgebiete der Audio-Marketing-Module

Daily Touchpoints	Telefonie	Internet	PoS/PoI
Special Touchpoints	Events	TV, Kino	Radio

In den Einsatzgebieten Telefonie und Internet sind häufig eingesetzte Module Corporate Sound Scapes, Corporate Audio-Logos/Sound-Logos, Corporate Jingles, Earcons sowie Corporate Voices. Häufiger kommen am PoS/PoI noch Corporate Songs und Corporate Theme Songs dazu. Im Bereich Events ist etwa an Messen und Kongresse zu denken, dort sind Corporate Sound Scapes und Corporate Jingles häufig eingesetzte Module, bei Mitarbeiterveranstaltungen hören wir Corporate Hymns und bei öffentlichen Aufführungen im Bereich Event oder in audiovisuellen Medien kommen überwiegend Corporate Music, Theme Songs, Corporate Jingles und Corporate Voices zum Einsatz.

» Zur Beschreibung der Audio-Module siehe ausführlich Kapitel 2

Tipp: Natürlich können hier nur grobe Richtlinien genannt werden; Ihre Audio-Branding-Agentur wird ein stimmiges, individuelles Branding-Konzept für alle Anwendungsmöglichkeiten und die jeweils dafür passenden und angepassten Module entwickeln.

2. Wirkt Audio-Branding nur nach außen?

Tatsächlich ist die akustische Identität eines Unternehmens auch ein starker „Kleber" nach innen. Der Einsatz des Corporate Sound bringt die Corporate Identity besonders emotional zum Ausdruck. Das erhöht die Identifikation und Bindung der Mitarbeiter an das Unternehmen und das interne Zusammengehörigkeitsgefühl.

Dafür besonders geeignete Audio-Marketing-Module sind beispielsweise der Corporate Song und die Corporate Hymn für Firmenveranstaltungen oder interne Unternehmenspräsentationen.

Die Wirkung nach innen kann mit einfachen Modulen wie persönlichen Mailbox-Ansagen auf Festnetzanschluss und Firmenhandy der Mitarbeiter, dem Corporate Ringtone (Klingelton) sowie System-Sounds der Firmencomputer verstärkt werden.

„Das Wesentliche im Umgang miteinander ist nicht der Gleichklang, sondern der Zusammenklang."

Ernst Ferstl
(* 1955), österreichischer Schriftsteller und Aphoristiker

3. Können neben der klassischen Werbung auch Werbemittel Träger der auditiven Kommunikation eines Unternehmens sein?

Selbst Werbemittel lassen sich so ausrüsten: Dabei ist etwa an „sprechende" Einkaufstaschen und Geschenktüten, Give-Aways und Spielgimmicks mit Sound zu denken. Prinzipiell können alle Werbemittel mit Corporate Sounds bestückt werden, an oder in denen ein Soundchip befestigt werden kann. Sogar Glückwunschkarten, die beim Öffnen Musik wie Corporate Songs, Hymnen oder adaptierte Sound-Logos abspielen. Die Einsatzmöglichkeiten sind schier unerschöpflich. Und die Zeiten der scheppernden Töne sind vorbei: Moderne Soundchips können den erlebten Klang in einer beachtlichen Qualität abspielen.

4. In welchen Werbeformen kommt Musik besondere Bedeutung zu?

In jedem TV-Werbespot spielen Musik und Geräusche eine ganz besondere Rolle. Oft kann man sogar bei geschlossenen Augen das werbende Unternehmen und das beworbene Produkt erkennen, so eindeutig ist die auditive Visitenkarte. Übliche TV-Spots, die der Werbung dienen und keine direkte Aktion beim Zuschauer auslösen sollen, dürfen eine gewisse Länge (in Sekunden) nicht überschreiten (sonst gelten sie als Dauerwerbesendungen), daher werden Musiken meist in geschnittener Form verwendet. Hier kommen viele Module des Audio-Brandings vor: Corporate Sound Logo, Song, Corporate Jingle, Earcon, Corporate Voice(s).

Neben den klassischen Werbespots setzen sich seit längerem Direct-Response-Fernsehspots durch, die besonderen Wert auf die direkten Kontakt- und Bestellmöglichkeiten für die Kunden zum Beispiel über SMS, Telefon, E-Mail oder Websites legen. Hier werden Musik und Corporate Jingles oft noch ergänzt durch strukturierende Funktionen im Aufbau des Spots und in der Dramaturgie des Zuschauerverhaltens, etwa indem Bestell- oder Informationsvorgänge ausgelöst und choreografiert werden sollen.

5. Wo kommen Corporate Songs und Hymns (Hymnen) zum Einsatz, wo Corporate Sound Scapes?

Corporate Songs und Hymnen sind quasi die Verkaufsschlager des Audio-Marketings. Songs wie „Mister Boombastic", „For the very first time" oder „Like ice in the sunshine" sind Erfolgsgeschichten für sich. Sie haben die entsprechenden Marken (Levi's Jeans™, Coca Cola™, Langnese™ Eis) über Jahre repräsentiert, emotional aufgeladen und in allen audiovisuellen Medien auf unnachahmliche Weise dargestellt. TV- oder Radiospot, Internet-Aktion, Eventmarketing oder Klingelton: Die sogenannten Theme-Songs waren immer dabei und sind selbst Kult geworden.

Hymnen hingegen werden meist nach Innen genutzt: Sie werden auf großen Unternehmensevents, Mitarbeiterfeiern, Firmenjubiläen oder ähnlichen Anlässen eingesetzt, um emotionale Höhepunkte für die Mitarbeiter zu setzen. Sie sind die Musiken für das Wir-Gefühl, die Zukunfts-Musik für den gemeinsamen Aufbruch zu den nächsten wirtschaftlichen Erfolgszielen, die Fanfaren des Erreichten, das gemeinsam gefeiert werden kann.

Corporate Sound Scapes werden als choreografierte Klanglandschaften überall da eingesetzt, wo Menschen über längere Zeit einem auditiven Erlebnis ausgesetzt sind, beispielsweise an Messeständen, auf Eventflächen, in Markenshops, Service-Centern oder am Point of Sale. Hier würden ständig wiederholte Songschleifen auf Dauer nicht aktivierend, sondern ermüdend

Corporate Songs, Hymnen und Theme-Songs: die Verkaufs-Schlager des Audio-Marketings

Corporate Sound Scapes: auditive Erlebnishüllen mit Wiedererkennungs- und Wohlfühlcharakter

Ein einfaches Voice User Interface (VUI) eines IVR-Systems kann zu einem hoch emotionalen Audio User Interface (AUI) entwickelt werden, bei dem alle auditiven Gestaltungsmittel zur positiven Stimulierung der Anrufer genutzt werden.

oder enervierend wirken – Corporate Sound Scapes schaffen an diesen Touchpoints auditive Erlebnishüllen mit Wiedererkennungs- und Wohlfühlcharakter.

Zudem werden Corporate Sound Scapes eingesetzt, wenn im Hintergrund auf eher subtile Weise ein positives Klangerleben erzeugt werden soll, ohne dass von wichtigen Informationen abgelenkt wird. Ein Beispiel dafür sind die Auswahlmenüs in Sprachportalen: Während der Anrufer mit der wesentlichen Informationsaufnahme beschäftigt ist, sorgt der unterlegte Corporate Sound Scape für eine angenehme System-Aura.

6. Was sind Voice-Anwendungen und wie stehen diese im Zusammenhang mit dem Audio-Design eines Unternehmens?

Unter Voice-Anwendungen verstehen wir den direkten Mensch-Maschine-Dialog ohne weitere Hilfsmittel wie Tastatur oder Eingabemasken. Der Mensch spricht also direkt – elektronisch vermittelt – zur Maschine und löst damit (vordefinierte) Aktionen bei dieser aus. Im dialogischen System gibt es dabei „Fragen", Auswahlmodule und Informationen, die CI-gemäß auditiv designed werden können.

„Dass wir miteinander reden können, macht uns zu Menschen."

Karl Jaspers
(1883-1969), deutscher Philosoph

So kann beispielsweise ein einfaches Voice User Interface (VUI) eines IVR-Systems zu einem hoch emotionalen Audio User Interface (AUI) entwickelt werden, bei dem alle auditiven Gestaltungsmittel zur positiven Stimulierung der Anrufer genutzt werden. Hierauf gehen wir im nächsten Kapitel ausführlich ein.

Audio-Interface-Design an den Daily Touchpoints Telefonie & Internet

Audio-Interface-Design an den Daily Touchpoints Telefonie & Internet

Per Telefon und Internet nehmen heute die meisten Menschen Kontakt zu Unternehmen auf, über die sie sich informieren wollen, deren Produkte oder Dienstleistungen sie kennenlernen oder kaufen möchten und deren Serviceleistungen sie in Anspruch nehmen. Der elektronisch unterstützte Dialog ist also zur (all)täglichen Kommunikationsschnittstelle geworden, daher sprechen wir hier von Daily Touchpoints. Ihre Bedeutung im Volumen nach Kontakten muss als sehr hoch eingeschätzt werden, wie die folgende Abbildung zeigt:

Tägliche Kontakt- und Dialogsysteme im Fokus

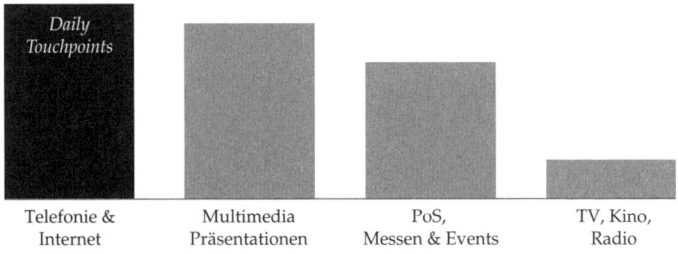

Quelle: auf Basis eigener Erhebungen von comevis

Auch ihre Bedeutung hinsichtlich der Qualität der Kontakte ist als hoch einzuschätzen, da hier nicht in der Einweg-Kommunikation eine Botschaft vom Sender (Unternehmen) zum Empfänger (Kunde) ausgestrahlt, sondern ein Dialog mit dem Kunden initiiert respektive geführt wird, der einen bleibenden und prägenden Eindruck erzeugt.

„Sprache ist die Kleidung der Gedanken."

Samuel Johnson
(1709-1784), englischer Dichter u. Literaturkritiker

Jeder Anruf vermittelt sofort einen ersten Eindruck über die kommunikative Grundhaltung und Kompetenz Ihres Unternehmens oder Ihrer Organisationen. Zunehmend entscheiden die richtigen Töne über den Erfolg Ihrer elektronisch unterstützten Kommunikation, denn der richtige Sound haucht Dialogmedien Leben ein und bietet neue Möglichkeiten der Emotionalisierung. Darum ist der Einsatz einer überzeugenden akustischen Visitenkarte in der Telefonie und im Internet eine wertvolle Unterstützung an 365 Tagen im Jahr!

1. Warum ist ein ganzheitliches Klangkonzept für die Daily Touchpoints wichtig?

Am Touchpoint Internet können Sie Informationen auf optischem und akustischem Weg vermitteln und selbstverständlich wird dabei auf die ganzheitliche kommunikative Aussage gemäß der Corporate Identity geachtet. Als wichtiger Marketing-, Kommunikations- und Vertriebsweg werden Webanwendungen mittlerweile von allen Unternehmen „geachtet" und um größtmögliche Effizienz zu erzielen, wird Wert auf eine einfache und intuitive Nutzerführung, das sogenannte Graphic User Interface (GUI), gelegt. Das gleiche gilt für den Touchpoint Telefonie. Da hier ausschließlich das Sinnesorgan „Ohr" adressiert werden kann, müssen alle Möglichkeiten der auditiven Stimulierung genutzt werden: Stimmen, Klangräume, verständliche und zielorientierte Dialoge und Auswahloptionen sollen die Marke CI-gerecht repräsentieren. Die so erreichte System-Aura stellt eine positive und vertrauensvolle Grundhaltung der Anrufer her.

2. Kohärentes Sound-Design am Daily Touchpoint Internet scheint sich noch nicht richtig durchgesetzt zu haben. Woran liegt das?

Ja, es ist tatsächlich so, dass die aufregenden Möglichkeiten auditiver Markenführung hier noch nahezu überall verschenkt werden. Im Bereich der Online-Werbung hat sich mittlerweile die Erkenntnis durchgesetzt, dass Banner mit Sound höhere Wirkung haben als solche ohne und dass Sounddesign die Erinnerung von Markennamen in Bannern verdoppelt (Presseinformation vom 08.06.2004, MediaAnalyzer Software & Research GmbH und Soundcom GmbH). Doch in sich stimmige umfassende Sound-Design-Konzepte werden im Internet selten umgesetzt, obwohl die erforderlichen Bandbreiten längst zur Verfügung stehen. Vor Jahren noch hat man bei Webauftritten sehr sparsam mit auditiven oder anderen Elementen umgehen müssen, da aufgrund der geringen Übertragungskapazitäten Websites recht klein in der Datenmenge gehalten werden mussten. Dieses Argument gilt heute aber nicht mehr, die Übertragungsgeschwindigkeiten haben sich vervielfacht und die Nutzer sind multimediale und multisensorische Erlebnisse auch in einer viel höheren Frequenz gewohnt als früher. Ihre technische Medienkompetenz und die Fähigkeit zur gleichzeitigen Informationsverarbeitung hat sich signifikant gesteigert – und damit auch die Erwartungshaltung!

„Die Vernunft formt den Menschen, das Gefühl leitet ihn."

Jean-Jacques Rousseau
(1712-1778), französisch-schweizerischer Philosoph, Dichter und Musiker

Und doch verzichten viele Unternehmen am wichtigen Daily Touchpoint Internet auf ein auditives Klangkonzept, oft werden auf der eigenen Website nur Videos mit Corporate Songs oder Music, ein (abschaltbarer) Sound Scape oder vielleicht noch ein Klingelton zum Download angeboten. Die Dialogmöglichkeiten der auditiven Nutzerführung sind noch weitgehend ungenutzt. Hier werden große Potenziale und tolle Marketingideen verschenkt! Wir forschen in unserem Unternehmen gerade daran, welche ganzheitlichen Konzepte und auditiven Designs an dieser Stelle umgesetzt werden können.

3. Was versteht man unter einer IVR-Plattform?

Der Begriff IVR-Plattform steht für Interactive Voice Response, also für eine Sprachplattform. Dabei wird der Anrufer in einem Sprachdialog durch das Menü geführt und kann per Sprachauswahl oder Telefonton Auswahlen treffen.

4. Welche Ansätze werden im Design unterschieden?

Bei einem Großteil der Telefonie-Anwendungen wird der Anrufer aufgefordert, eine ein- oder mehrstufige Vorauswahl mittels Sprach- oder Tastatureingabe am Telefon zu treffen. Damit findet eine Filterung seiner (Informations-)Wünsche, (Bestell-)Bedürfnisse oder (Beschwerde-)Anliegen statt, die eigentliche Bearbeitung übernehmen anschließend Callcenteragents oder Sachbearbeiter, an die der Anrufer dann zielorientiert durchgestellt wird.

Telefonische Self Services: hohe individuelle Nutzenerwartungen der Kunden

In den anderen Fällen, den sogenannten telefonbasierten Self Services (TSS) wickelt ein Sprachcomputer den gesamten Call Flow mit dem Anrufer ab; dies ist oft im Bereich hoch automatisierbarer Leistungen wie Ticketbestellungen oder Bankinganwendungen eine für die anbietenden Unternehmen effiziente Methode.

5. Sind telefonische Self Services dann nicht einfach „das Mittel der Wahl"?

So einfach ist es nicht, denn die heutigen Systeme sind oft primär von Technikern entwickelt, und in der Folge ist die auditive Aura der Systeme meist nur als kalt oder „gefühllos" zu bezeichnen. Der besondere Vorteil eines professionellen Audio-Interface-Designs, mit dem die Nutzerakzeptanz signifikant gesteigert werden kann, wird jedoch zunehmend erkannt und als wesentlicher Erfolgsfaktor im Projekt definiert. Außerdem müssen TSS vielfältigen Ansprüchen der Nutzer gerecht werden, was offensichtlich nicht immer der Fall ist: Untersuchungen zeigen, dass der anrufende Kunde sich von telefonbasierten Self Services Zeit- und Kostenersparnis verspricht sowie die Möglichkeit, jederzeit routinemäßig auftretende Angelegenheiten oder Vorgänge, für die er keine weiteren Informationen benötigt, ausführen zu können. Eine Studie des Instituts für Marketing an der Ludwig-Maximilians-Universität München hat aber herausgefunden, dass Kunden mit TSS häufig noch negative Erfahrungen machen (vgl. ausführlich: Bartsch, Silke: Zufrieden mit dem Selfservice?; in: VoiceBusiness Jahrbuch 2009, telepublic Verlag, Hannover, S. 90 – 92). Von elf Qualitätskriterien, die die Zufriedenheit respektive Unzufriedenheit der Anrufer entscheidend beeinflussen, sind in dieser Studie Ineffizienz in der Menüführung der TSS und die mangelnde technische Qualität am häufigsten als Auslöser für negative

Erlebnisse bezeichnet worden. Als von entscheidender Bedeutung wichtig erwies sich zudem, ob die vom Kunden unterstellte Zeitersparnis auch erreicht werden konnte.

„Einer meiner langjährigen Verkäufer hat einmal das Geheimnis seines Erfolges entschleiert: Man muss den Kunden reden lassen und ein guter Zuhörer sein."

Wilhelm Becker
(*1913), deutscher Unternehmer

TSS müssen also den hohen Anforderungen der Anrufer gerecht werden, wobei die Zufriedenheit von einer ganzen Faktorenkette abhängt. Wie in jeder Anbieter-Kunden-Kommunikation gibt es also auch im Bereich der Sprachportale nicht „ein einziges richtiges Mittel der Wahl", sondern nur eine jeweils für das individuelle Unternehmen und das individuelle Angebot richtige, also passende Lösung. Diese finden Sie in der Zusammenarbeit mit einer guten Agentur für Audio-Marketing und Audio-Interface-Design, die Erfahrung im optimierten Customer Interaction Management hat.

6. Wann ist ein Sprachportal denn fertig und kann unverändert betrieben werden?

Ein Sprachportal ist so lebendig wie die Sprache selbst und soll im Idealfall mit den sich ändernden Wünschen und Anforderungen der Kunden wachsen und gleichzeitig auch den wechselnden Anforderungen wie Sonderaktionen seitens der Unternehmen gerecht werden können. Sehr einfache Sprachportale, die im Wesentlichen auf einer Ja-Nein- oder Ziffernkettenerkennung beruhen, können nach der Implementierung weitgehend unverändert belassen werden. Je komplexer ein Sprachportal aufgebaut ist und je weiter gefasste Informationen es von den Nutzern zulässt, je mehr beruht es in der Nutzerführung auf begründeten Annahmen das Nutzerverhalten und das verwendete Vokabular betreffend. Ein „intelligentes" System wird hier weiter „lernen" und die gewonnenen Erfahrungswerte im Optimierungsprozess im Rahmen des Life Cycle Managements umsetzen.

7. Grammatik ist bei Sprachportalen eine wichtige Komponente. Was verbirgt sich dahinter?

„Keiner versteht mich" – das richtige Grammatikdesign macht weitgehend frei gewählte Nutzeräußerungen für Sprachsysteme erkennbar.

Mit dem Begriff Grammatik wird in diesem Zusammenhang die Gesamtheit aller Äußerungen der Nutzer beschrieben, die ein Spracherkennungssystem erkennen soll. Dem Grammatik-Design gebührt hohe Aufmerksamkeit, denn ist ein Wort oder ein Satz nicht in der Grammatik enthalten, kann das Sprachsystem dies im Live-Einsatz nicht „verstehen". Im Rahmen der

sogenannten Datennormalisierung werden zu erkennenden
Datensätzen Variationen „in Normalsprache" zugefügt, die das
System auch erkennen soll; also beispielsweise nicht nur „XYZ
GmbH und Co KG", sondern auch „XYZ GmbH", „Firma XYZ"
oder „XYZ Firma".

*„Zu viele Menschen machen sich nicht
klar, dass wirkliche Kommunikation eine
wechselseitige Sache ist."*

Lee Iacocca
(* 1924), amerikanischer Manager

8. **Was bedeuten Call Flow und Call Routing im Zusammenhang mit Sprachportalen?**

Der Call Flow beschreibt den Weg und die Stationen, die ein
Kundenanruf im Voiceportal eines Unternehmens nimmt. Mit
Call Routing wird die automatische oder händische Weiterleitung eines Kundenanrufes bezeichnet. Das grundlegende Ziel
ist immer, den Anrufer schnellstmöglich an die für ihn richtige
Service-Stelle zu bringen.

9. Wie kann der Kunde im Voiceportal parametrisiert werden?

Im Rahmen des Customer Interaction Management (CIM) werden die Interaktionsprozesse mit dem Kunden über ein Sprachportal geplant, gesteuert und durchgeführt. Dabei wird von Grundannahmen die Kunden betreffend ausgegangen:

» Zahl der Fragen und (damit) hereinkommender Anrufe (Inbound Calls)
» Inhalte und Ziele der Fragen beziehungsweise Interaktionsprozesse
» Durchschnittliche Gesprächszeiten (Air Time)
» Vokabular (das im Laufe der Zeit erkennbaren Veränderungen unterworfen ist, z. B. Soziolekt, neue Technologien, Anwendungen, Bezeichnungen)
» Prosodik: sprachliche Eigenschaften wie Akzent, Intonation, Sprachpausen
» Call Flow: Wie lässt sich der Nutzer durch das System führen, welche Stationen wird er dabei ansteuern?
» Akzeptanz: Wie viele und welche Daten wird der Kunde zu welchem Zeitpunkt im System von sich preisgeben wollen, wie viele und welche Stationen des Call Flows touchieren wollen?

10. Wie wird die Nutzerführung beschrieben?

VUI fokussiert auf die Sprache, AUI nutzt alle Gestaltungsebenen und Elemente auditiven Designs.

Sicher kennen Sie den Begriff der intuitiven Nutzerführung, wie sie beispielsweise für technische Geräte wie Handys oder Automaten, aber auch für Applikationen wie Websites oder Spiele gefordert ist. Hierbei wird dem Nutzer oft ein GUI, ein Graphic User Interface angeboten, also eine grafische Nutzeroberfläche, mittels derer der Nutzer navigieren soll. Analog wird im auditiven Bereich von VUI oder Voice User Interface rsp. AUI oder Audio User Interface gesprochen: Dies leitet den Nutzer durch die Sprachanwendung. Kurz gesagt: Das VUI fokussiert auf die Sprache, das AUI hingegen nutzt alle Gestaltungsebenen und Elemente des auditiven Designs.

11. Was zeichnet besonders kundenfreundliche telefonische Service-Portale aus?

GUI, VUI und AUI: im Fokus die intuitive System-Navigation

Ein erfahrener Produktionspartner, der schon viele Sprachportale gestaltet hat, wird auf die Aspekte der Kundenfreundlichkeit achten. Sie selbst können aber den Test machen und „Mystery Shopping" unternehmen, also einige Applikationen beispielsweise dieses Partners – seine Referenzen – sowie einige andere auf die Probe stellen. Natürlich ist das kein Aufruf, „Jux-Anrufe" zu machen und Callcenteragents zu belasten, sondern dies ist eine seriöse Möglichkeit für Sie, positive und negative Erfahrungen mit Sprachportalen zu sammeln und einzuordnen. Einige Aspekte, auf die Sie achten sollten, können Sie der folgenden Checkliste entnehmen:

Checkliste positiver Kundeneindruck

✓	Kriterium für den positiven Eindruck seitens des Kunden
	Sie treffen auf eine einfache Struktur, einen leicht verständlichen Call Flow.
	Die Option Mehrsprachigkeit wird angeboten.
	Es wird neben dem Self Service die Möglichkeit des persönlichen Gespräches mit einem Callcenteragent oder Sachbearbeiter angeboten.
	Der Sprachdialog ist nachfrage-getrieben, nicht anbieter-getrieben; Sie merken, dass der Sprachdialog „vom Kunden und seinen möglichen Bedürfnissen her gedacht" ist.
	Im Sprachdialog ist ein respektvoller, serviceorientierter Umgang mit dem Kunden angelegt, die Ansagen sind eindeutig und verzichten auf Fremdwörter, unmotivierte Anglizismen oder pseudomodernes Deutsch-Englisch („Denglisch"); Fehler des Kunden bei Eingabe oder Ansage, die beispielsweise eine Wiederholung verursachen, werden sympathisch, nicht „bürokratisch" aufgefangen.
	Die Corporate Voice und gegebenenfalls die Text Voices sind sehr angenehm und Ihnen (im Idealfall aus anderen Touchpoints zum Unternehmen) bekannt; sie passen zur Markenbotschaft des Unternehmens oder dem Markenkern.
	Auditive Elemente wie Corporate Music, Sound Scape, Song, Jingle, Earcon etc. sind animierend, effizient und intelligent eingesetzt. Sie versetzen den Kunden oder Anrufer in eine gute kommunikative Stimmung.
	Das Unternehmen hat im Sprachportal seine auditive Visitenkarte eindeutig, wiedererkennbar sowie kohärent (soweit Sie auf Erfahrung mit anderen Touchpoints zum Unternehmen wie Internet, TV Spots, Werbung o. Ä. zurückgreifen können) umgesetzt.
	Die Gesamteindruck von der technischen Umsetzung bis zur Serviceleistung der Mitarbeiter passt zur Botschaft des Unternehmens und zum Markenkern.
	Die Gesamtanmutung des Portals ist nach Ihrer Empfindung überlegt, positiv, freundlich, hilfsorientiert, effektiv.

Tipp: Sie können alle Checklisten aus diesem Buch kostenfrei aus dem Downloadbereich unter www.auditives-marketing.de/ checklisten oder www.comevis.com/checklisten herunterladen.

„Die Vernunft formt den Menschen, das Gefühl leitet ihn."

Jean-Jacques Rousseau
(1712-1778), französisch-schweizerischer Moralphilosoph, Dichter und Musiker

12. Umgekehrt: Wie kann ich sicherstellen, dass unsere neue telefonische Service-Anwendung wirklich kundenfreundlich ist?

Im Entwicklungsprozess werden Sie mit der Partneragentur nach jedem Zwischenschritt (Milestone) Feedback-Schleifen einlegen, in denen Sie mit internen Testverfahren die Anwendung auf Nutzerfreundlichkeit testen. Es folgt eine ausführliche Testphase nach dem eigentlichen Rollout sowie gegebenenfalls in regelmäßigen Überprüfungsabständen. Dies kann auf drei Ebenen geschehen:
1. Auswertung der Reports
2. Befragung der Callcenteragents und von Testkundengruppen
3. direkte Befragung der Kunden

Zur ersten Ebene gehört die Auswertung der Protokolle (Reports, Statistiken), die die Software selbst anbietet, wie Air Times (Anrufdauer), Erreichbarkeit, Wartezeiten, Durchlaufzahlen und -zeiten, Completion Rates (komplett durchgeführte Anrufversuche) und Error Rates (Abbrüche und Fehler). Auf der zweiten Ebene werden im gegebenen Fall Gruppen von

Testkunden eingesetzt, die die Anwendung systematisch im Rahmen einer Befragung austesten. Außerdem werden im gegebenen Fall die Callcenteragents mittels standardisierter Fragebögen regelmäßig und systematisch befragt. Dabei ist zu berücksichtigen, dass die Antworten möglichst weit objektiviert werden müssen, da die Mitarbeiter erfahrungsgemäß negative Kundenkontakte nicht in der gleichen Weise erleben oder darstellen wie positive oder neutrale. Dieser nur allzu menschliche Aspekt kann und soll aber nicht ganz ausgeschlossen werden, da die Callcenteragents natürlich den direkten Kontakt zum Kunden haben und – gerade bei längerer Erfahrung – ein gutes Gefühl für Situationen und Emotionen bei den Kunden entwickeln rsp. auch erfahren, wenn sich Kunden häufiger über Anwendungsbereiche des Sprachportals beschweren.

„Sprachkürze gibt Denkweite.“

Jean Paul
(1763-1825), deutscher Literat

Sehr effektiv ist es zudem, auf der dritten Ebene die Kunden selbst zu befragen. Standardisierte und automatisierte Kundenbefragungen werden von mehreren Dienstleistern dazu angeboten. Am Ende der Serviceanwendung wird der Kunde dabei in einem zusätzlichen kleinen Modul nach seiner Einschätzung der Einfachheit der Nutzerführung im Portal und der Servicequalität sowie seiner Zufriedenheit befragt.

Tipp: In diesen Dialog können auch Fragen nach dem auditiven Gesamteindruck, also dem erlebten Audio-Branding im Telefonie-System, eingebaut werden. Dabei wird deutlich, welche Bedeutung dem Audio Interface-Design zukommt, denn es entscheidet im weiten Maß, ob ein Service als enervierend oder die Benutzung als angenehm empfunden wird.

5

Der Produktions-
prozess

Der Produktionsprozess

Der Produktionsprozess beginnt schon weit im Vorfeld einer faktischen Audio-Modul-Einspielung: Nämlich bei der Überzeugung, dass ein kohärentes, also in sich stimmiges auditives Branding-Konzept wesentlich für die professionelle Markenführung ist. Und dass dies einer Marke, einem Unternehmen oder einem Produkt eine unverwechselbare, hochemotionale klangliche Identität verschafft, die den „Must-have-Faktor" der Marke, die Attraktivität und Erinnerung, wesentlich unterstützt.

Im nächsten Schritt muss dann der richtige, erfahrene und kreative Beratungs- und Produktionspartner für die Entwicklung und Umsetzung dieses Audio-Branding-Konzeptes gesucht und gefunden werden – mehr dazu in Kapitel 7.

„In einer Fünftelsekunde kannst du eine Botschaft rund um die Welt senden. Aber es kann Jahre dauern, bis sie von der Außenseite eines Menschenschädels nach innen dringt."

Charles F. Kettering
(1876-1958), amerikanischer Industrieller

Im Idealfall wird auf Unternehmensseite ein Team gebildet, das die Kernkompetenzen von Marketingentscheidern, Designern und den Verantwortlichen für die verschiedenen Touchpoints, also den Kontaktschnittstellen zu den Kunden, Interessenten und Geschäftspartnern, mit technischem Fachwissen vereint. Ihr Wissen, ihre Informationen und ihre Anforderungsprofile fließen dann in den Audio-Branding-Prozess ein. Damit beschäftigen wir uns in diesem Kapitel.

Ideale Besetzung der Expertenteams auf Seiten des Kundenunternehmens und der Audio-Branding-Agentur

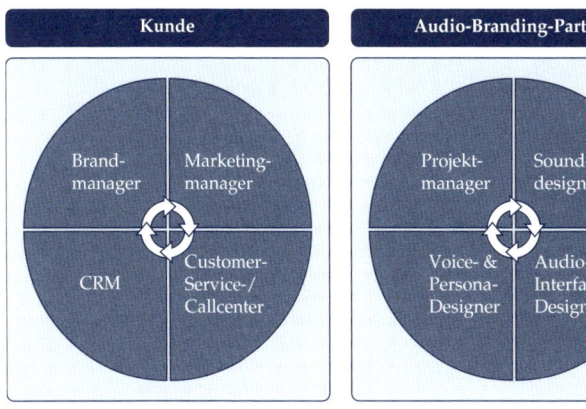

Quelle: comevis

1. Wie startet der Audio-Branding-Prozess?

Quasi als Grundlage für das Audio-Branding dienen Informationen über die Marke, das Unternehmen oder das Produkt und die Attribute, die diesen zugeordnet werden. Die Marke wird strukturiert analysiert, die Bedeutung der einzelnen Markenwerte wird eruiert, die assoziativen Beschreibungen, die Attribute der Markenidentität werden so fassbar gemacht, dass sie in Begriffe der Sound Identity übersetzt werden können. Auf dieser Basis wird also mit der Sound Identity eine formal und inhaltlich definierte Klangwelt für die Marke beschrieben, die im Corporate Sound umgesetzt wird.

» Zur Sound Identity siehe ausführlich Seite 61f.

Der stark strukturierte Analyseprozess und die Konzeptions- und Beratungsleistung an dieser Stelle machen einen Großteil der Leistungen eines Audio-Branding-Spezialisten aus – und sie kosten auch einen Großteil der Zeit.

Ist nun die Sound Identity als musikalisch-beschreibender Leitfaden für die Produktionsagentur und die weiteren Kreativen wie Komponist(en) und Sounddesigner festgelegt, beginnt der schöpferische Prozess des Layoutings, der auditiven Reinzeichnung und der Umsetzung in die Module des Audio-Brandings (siehe Kapitel 2) für die verschiedenen konkreten Anwendungsgebiete (siehe Kapitel 3).

2. In welche Phasen lässt sich der Audio-Branding- und Audio-Marketing-Prozess unterteilen?

Wir können diesen Prozess im Kern in vier Phasen aufgliedern: die Briefing- und Analysephase, Recherche und Layouting, auditive Reinzeichnung und Implementierung:

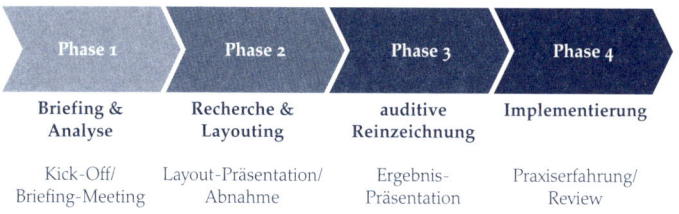

Phase 1	Phase 2	Phase 3	Phase 4
Briefing & Analyse	**Recherche & Layouting**	**auditive Reinzeichnung**	**Implementierung**
Kick-Off/ Briefing-Meeting	Layout-Präsentation/ Abnahme	Ergebnis- Präsentation	Praxiserfahrung/ Review

Quelle: eigene Erhebung von comevis

In diesen vier Phasen gibt es für alle zu erstellenden auditiven Elemente eine Reihe von Milestones, Zwischenzielen, die Sie mit Ihrem Produktionspartner festlegen sollten. Betrachten wir einen Prozess wie die Entwicklung des Audio-User-Interface an den Kontaktschnittstellen Telefonie und Internet, so könnten die Milestones in der reinen Produktion der Umsetzung lauten: Bereitstellung der Texte, gegebenenfalls Übersetzung, Textüberarbeitung/-optimierung, Textmodellierung mit Feedbackschleife, Textabnahme, Voice Casting, Voice Präsentation und Auswahl, Voice Recording/Persona Design, AUI-Design/ Audio-Producing, Internes Testing/Re-Recording, Ausspielung der Audio-Module, Einspielung/Testing auf Simulationssystem, Umsetzung notwendiger Anpassungen, Testing auf Simulationssystem, Abnahme.

„Wo die Sprache aufhört, fängt die Musik an."

Ernst Theodor Amadeus (E. T. A.) Hoffmann
(1776-1822), deutscher Dichter, Musiker, Maler und Jurist

Als weitere wichtige Folgephase ist das Benchmarking zu betrachten. Hier werden nach der Implementierung der auditiven Maßnahmen die erzielten Wirkungen im täglichen Einsatz immer wieder in Feedbackschleifen hinterfragt, bewertet und nach den optimalen Ergebnissen feinjustiert. Anpassungen oder Erweiterungen werden schnell und zielgerichtet vorgenommen.

Weiterhin ist im Ablauf darauf zu achten, dass die entwickelte Sound Identity in allen Folgemaßnahmen umgesetzt wird und der erarbeitete Corporate Sound konsequent und langfristig in allen Modulen, allen Abteilungen und allen Aktionen des Hauses Anwendung findet.

Tipp: Etablieren Sie einen „Fire-Fighter" oder benennen Sie einen Audio-Brand-Meister in Ihrem Team, der auf den konsequenten und richtigen Einsatz der eigens entwickelten Klangidentität achtet und sie bei allen Marketing-Maßnahmen durchsetzt.

Selbstverständlich können Sie diese Aufgabe auch an einen externen Partner wie Ihre Audio-Branding-Agentur übertragen. Spezialisierte Agenturen erbringen zunehmend strategische und Beratungsservices, die die stimmige Markenpflege auch nach der Einführungsphase umfassen.

3. Wie viel Zeit und Ressourcen nimmt der Audio-Branding-Prozess in Anspruch?

Das ist natürlich fallweise unterschiedlich und hängt von mehreren Parametern wie der Komplexität des darzustellenden Markenmodells – oft gilt es, neben der Unternehmensmarke weitere Sub-Brands zu positionieren –, der Ganzheitlichkeit des Audio-Branding-Konzeptes, des Umfangs der Audio-Marketing-Module und -Einsatzgebiete, der Erfahrenheit des Audio-Branding-Partners und Entscheidungsprozessen beim Kundenunternehmen ab.

Grob gesagt, ist mit rund drei bis sechs Monaten zu rechnen, wobei ein Großteil der Zeit und der Ressourcen in den eigentlichen Branding-Prozess fließen, denn hier wird die Grundlage für ein wirklich kohärentes und passendes (im Sinne von fitting) Audio-Marketing geschaffen, das die Marke oder das Unternehmen auf Jahre hinaus zum emotionalen, kommunikativen, werblichen und damit wirtschaftlichen Erfolg begleitet!

» Wie Sie den richtigen Partner für Ihr Audio-Branding und Audio-Marketing finden, lesen Sie in Kapitel 7.

Tipp: Die umfassende Beratungs- und Konzeptionskompetenz und die Erfahrung in der Entwicklung aller relevanten Audio-Module unterscheidet unter anderem eine Audio-Branding-Agentur von klassischen Tonstudios. Dies sind sicher großartige Partner für Tonproduktionen, und so mag die Versuchung für einige Unternehmen bestehen, dort eine „Musikidee" zu einer Art Corporate Song oder Sound entwickeln zu lassen. Die Erfahrung zeigt, dass sich so oft aber kein Geld sparen lässt, weil die Kernkompetenzen eines Tonstudios eben woanders liegen als die Kernkompetenzen einer Audio-Branding-Agentur. Und erst die kohärente Markenführung auch im auditiven Bereich auf Basis eines Audio-Branding-Konzeptes kann zu einem zusätzlichen Wert der Marke führen.

4. Ist Audio-Branding aufgrund des strategischen Charakters nur für große Unternehmen geeignet?

Audio-Branding und Audio-Marketing bilden im heutigen multisensorischen Marketingzeitalter für Unternehmen aller Größen wichtige Unterscheidungs- und damit Erfolgsmerkmale. So ist es nicht nur für Unternehmen jeder Größe geeignet, sondern ein Muss in der professionellen Markenführung!

Die Erfahrung zeigt auch, dass nicht nur die international agierenden Konzerne, sondern auch erfolgreiche mittelständische Unternehmen die Vorteile des Audio-Brandings erkannt haben und entsprechende Projekte umsetzen. Daher bewegen sich rund 40 Prozent der Projekte im Bereich Corporate Sound im unteren

Preissegment – Audio-Branding ist also für mittelständische Unternehmen nicht nur sinnvoll und im sich verstärkenden Wettbewerb der Zukunft zwingend notwendig, es ist auch bezahlbar!

Budget Audio-Branding und -Marketing
relative Projektanzahl nach Projektumsatz (ohne AUI)

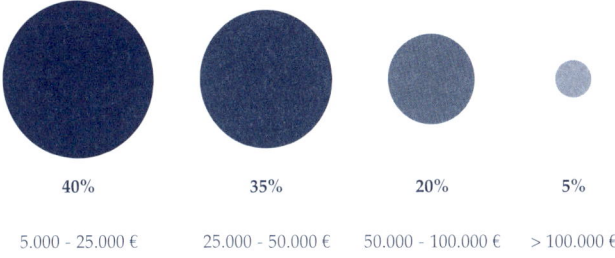

40%	35%	20%	5%
5.000 - 25.000 €	25.000 - 50.000 €	50.000 - 100.000 €	> 100.000 €

Quelle: eigene Erhebung von comevis

5. **Zur Sound-Produktion haben wir nun schon viel gehört – wie aber wird bspw. für den wichtigen Touchpoint Telefonie ein überzeugendes Audio-Interface im Sprachdialogsystem konzipiert?**

Dabei werden drei Aspekte betrachtet: die Abbildung eines Geschäftsprozesses, wie er am Telefon funktioniert, die intuitive Nutzerführung durch diesen Prozess hindurch und die Übertragung (Adaption) der Klangidentität. Dafür werden die Prozessabläufe in Diagrammen festgehalten und auf ihre Auto-

» Zur Beschreibung von Markenattributen und der Umsetzung in Klänge siehe ausführlich Seite 49 ff.

matisierbarkeit hin analysiert. Wo sind Entscheidungspunkte? Sind es Ja-Nein-Entscheidungen oder sollen verschiedene Optionen angeboten werden? Welche Aktionen werden je nach Entscheidung des Anrufers erforderlich? Welche dieser Aktionen können wiederum automatisiert gesteuert, welche nur von einem Menschen, einem Callcenteragent oder Sachbearbeiter, gelöst werden? Alle solche Anforderungen werden im Design des Dialogsystems berücksichtigt. Doch entscheidend ist nicht in erster Linie die Unternehmensperspektive, sondern die Kunden-, also Anruferperspektive. Denn abhängig vom Design des Dialogsystems entscheidet sich deren Zufriedenheit mit dem Service. Und natürlich abhängig vom Sound Design, denn am Touchpoint Telefonie geht es ja nicht nur um automatisierte Dialoge, es geht auch um das Design von Wohlfühl-Klangräumen, die Anrufer erfreuen, beruhigen, positiv stimmen, aktivieren oder einfach nur fröhlich machen sollen. Sie tragen zum Serviceerlebnis entscheidend bei und bestimmen somit darüber, wie die Anrufer ein Unternehmen schon in den ersten paar Sekunden erleben – und es für sehr lange Zeit in Erinnerung behalten.

„Musik ist die beste Art der Kommunikation.“

Angelo Branduardi
(* 1950), italienischer Liedermacher

6. Klangräume sind der eine Teil des Dialogdesigns, die richtigen Textmodule der andere?

Ja, auch die Systemansagen, auf Englisch „Prompts" genannt, werden mit viel Aufmerksamkeit geschrieben und produziert. Natürlich hat eine in der Konzeption solcher Dialogsysteme erfahrene Produktionsfirma viel Wissen über Prompts, doch können niemals fertige Textmodule „aus der Schublade gezogen" werden, jeder Call Flow und jede Anwendung funktioniert anders – und jedes Unternehmen klingt für die Anrufer anders.

Und das betrifft nicht nur die Tonalität des Sprechers oder die Art der Earcons oder Corporate Sound Logos, es betrifft auch die Tonalität des Textes und die Art der emotionalen Ansprache des Anrufers, die die Markenattribute widerspiegeln soll.

» Zum Design von Sprachdialog-systemen siehe ausführlich Seite 90 ff.

Nicht nur marken-, sondern auch zielgruppenbezogen sind hier deutliche Unterschiede in Tonalität und Emotionalität zu machen: Textmodule für eine tendenziell eher ältere oder finanziell gut gestellte Klientel, die stark servicebezogen ist, „funktionieren" einfach anders als Textmodule prinzipiell gleichen Inhalts, die sich primär an eine technophile Zielgruppe richten, die beispielsweise zeitsparend nur schnell einen Vorgang wie eine Banküberweisung durchführen will.

Und der Unterschied in der Wortwahl mag oft marginal scheinen – die Wirkung ist jedoch eine signifikant andere: „Bitte bleiben Sie dran, wir verbinden Sie mit unserem Sprachcomputer … Restez en ligne…" – da wird schon aufgelegt! Dagegen: „Wir verbinden Sie umgehend mit unserem Servicesystem, mit dem wir Ihr Anliegen schnell und einfach aufnehmen" – da, so zeigt die Erfahrung, bleibt der Anrufer in der Leitung. Die Entwicklung der Prompts anhand vieler Einflussfaktoren, die es zu berücksichtigen gilt, und ihr Finetuning ist also ein wichtiger Prozess, dem viel Zeit und Aufmerksamkeit gewidmet werden muss.

Besonderes Augenmerk sind auf Textmodule zu legen, wenn die Komplexität aufgrund mehrerer verbundener Kommunikationsmedien steigt. Beispiele: ein Reiseservice im Internet, der weitere Informationen zu spezifischen Angeboten per Telefon anbietet, oder ein Schnellrestaurant mit Auswahlangebot über Internet, Bestellung per Telefon und Auslieferservice per „Nudeltaxi". Der bereits per Internet vorinformierte Kunde wird beim Telefonat über die Sprachdialogplattform seine Wünsche oder Fragen im Freitext formulieren, der Sprachcomputer muss sie zunächst mithilfe der angelegten Grammatik zuordnen und dann eindeutig bestätigen: „Sie haben XY bestellt in der Menge Z. Geben Sie nun Ihre Lieferadresse ein …".

» Mehr zur Grammatik in Sprachportalen siehe Seite 95.

» Mehr zum Telefonischen Self Service (TSS) siehe Seite 92f.

In der Verbindung solcher Kundenservices über Telefonische Self Services (TSS) liegen für die Zukunft weitere Kostenersparnismöglichkeiten, da die Vorgänge im Sinne des Customer Relationship Management (CRM) automatisiert werden können. Sind beispielsweise Kundendaten nebst Telefonnummer im CRM-System hinterlegt, können ganze Bestellvorgänge bis zur Auslieferung automatisiert oder doch weitgehend unterstützt abgewickelt werden.

Tipp: Grundsätzlich gilt: Je höher der Automatisierungsgrad, desto wichtiger wird eine auditiv ganzheitlich überzeugende System-Aura. Denn erst diese schafft die nötige Nutzerakzeptanz.

7. Am Touchpoint Telefonie gibt es anscheinend so fantastische Möglichkeiten Sound einzusetzen, wieso denken die meisten dann nur an Warteschleifen zur Kundeneinschläferung?

Das ist vielleicht ein bisschen hart ausgedrückt, aber Fakt ist: Für den Internetauftritt gibt es in den Unternehmen beispielsweise Webdesigner, Webadministratoren und -Redakteure sowie die verantwortlichen Marketingmanager. Für die Branding-Strategien und Marketingfragen im telefonischen Service fehlt jedoch in vielen Unternehmen die klare Verantwortlichkeit und das Verständnis, diese Kontaktschnittstelle ebenfalls als Marketinginstrument aktiv und dynamisch zu nutzen. Eventuell liegt es auch daran, dass einigen Verantwortlichen noch nicht ganz klar ist, welche Marketingmöglichkeiten in aktuellen Telefoniesystemen umsetzbar sind. Nur so ist zu erklären, dass beim Thema Klang und Telefonie immer direkt und ausschließlich von dem telefonischen Wartefeld die Rede ist. Dabei geht es auch hier um einen ganzheitlichen, überzeugenden und emotional begeisternden Auftritt des Unternehmens!

Rechtliche Grundlagen

Rechtliche Grundlagen

In kreativen Bereichen wie dem Audio-Branding und der damit verbundenen Entwicklung, Produktion und Vorführung auditiver Marketingmodule gilt es eine Reihe von rechtlichen Grundlagen zu berücksichtigen. Zum einen können unter Umständen bestehende Rechte Dritter, etwa Urheber- und verwandte Schutzrechte, tangiert werden, zum anderen entstehen bei der Entwicklung von Musik- und Soundstücken, Melodien und Textstücken oder vertonten Texten Rechte bei den Urhebern, Ausführenden und Bearbeitern. Dazu gibt es eine ganze Reihe von Akteuren, die angesprochen sein können: Komponisten, Texter, ausübende Künstler, Musikverlage, Tonträgerhersteller, Verwertungsgesellschaften wie die GEMA und die VG Wort und Einrichtungen wie die Künstlersozialkasse KSK.

In diesem Kapitel nähern wir uns den häufigsten rechtlichen Fragen, die in der Praxis immer wieder auftauchen.*

---

*) Verlag und Autor haben die Inhalte dieses Buches sorgfältig geprüft. Sie können jedoch nicht für Schäden haftbar gemacht werden, die durch die Anwendung entstehen. Vorsorglich wird darauf hingewiesen, dass verwendete Bezeichnungen, Titel und Logos, die einem marken- oder urheberrechtlichen Schutz unterliegen, hier zu informatorischen Zwecken genannt werden.

1. Welche rechtlichen Grundlagen müssen beim Umgang mit Klängen im Bereich des Audio-Marketings beachtet werden?

Prinzipiell sind bei einer künstlerischen Leistung, die Klänge und Musiken oder Songs im Bereich des Audio-Marketings betrifft, unterschiedliche Rechte zu betrachten, wie zum Beispiel Urheberrechte, Verwertungsrechte, Leistungsschutzrechte. Hier eine kurze zusammenfassende Übersicht über die wesentlichen Orientierungspunkte:

1. Urheberrechte

Ein Werk, beispielsweise ein Musikstück, wird als geistige Leistung geschöpft, geistige Schöpfer und damit Urheber des Werkes sind der Komponist oder die Komponisten sowie der oder die Texter der gesungenen oder gesprochenen Sätze.

» Informationen zu internationalen Markenschutzmöglichkeiten finden Sie auf Seite 133 ff.

„Urheberrechtsgesetz"

In Deutschland schützt das „Gesetz über Urheberrecht und verwandte Schutzrechte" den Schöpfer und sein geistiges Eigentum: „Das Urheberrecht schützt den Urheber in seinen geistigen und persönlichen Beziehungen zum Werk und in der Nutzung des Werkes. Es dient zugleich der Sicherung einer angemessenen Vergütung für die Nutzung des Werkes", lautet Paragraph 11.

Ein Musikwerk wird aus juristischer Sicht als eine persönliche geistige Schöpfung, die sich der Töne als Ausdrucksmittel bedient, beschrieben. Der

Urheberrechtsschutz besteht damit prinzipiell „automatisch" mit der Schöpfung des Werkes als Tonfolge, selbst wenn es nicht „verkörpert", also niedergeschrieben oder aufgezeichnet wurde. Wird das Musikwerk um einen Songtext ergänzt, so ist dieser Text als Sprachwerk urheberrechtlich geschützt, dem Textdichter oder Texter stehen ebenso Urheberrechte zu.

Tipp: Aus praktischen Erwägungen kann die Hinterlegung eines „verkörperlichten" Werkes als Niederschrift oder Aufzeichnung mit Datums- und Urheberschaftsangabe bei einem Notar angezeigt sein. Damit kann z. B. im Streitfall ein Beleg geführt werden.

Vererbbare
Urheberpersön-
lichkeitsrechte
und übertragbare
Verwertungsrechte

Die Urheberrechte sind in die (nur vererbbaren) Urheberpersönlichkeitsrechte und die (übertragbaren) Verwertungsrechte aufgegliedert. Zu ersteren gehört unter anderem die Entscheidungsmöglichkeit des Urhebers, ob und wie er das Werk überhaupt anderen zugänglich macht (veröffentlicht), ob und wie das Werk mit einer Urheberrechtsbezeichnung zu versehen ist und sein Recht, eine Entstellung oder Beeinträchtigung seines Werkes durch Dritte zu verbieten.

2. Verwertungsrechte

Zu den Verwertungsrechten besagt Paragraph 15 des Urheberrechtsgesetzes, dass dem Urheber das ausschließliche Recht der Verwertung seines Werkes in körperlicher Form, insbesondere Vervielfältigung, Verbreitung, Ausstellung betreffend sowie in unkörperlicher Form als Recht der öffentlichen Wiedergabe zusteht.

Tipp: Das Gesetz über Urheberrecht und verwandte Schutzrechte findet sich im Volltext auf den Seiten des Bundesministeriums der Justiz unter http://bundesrecht.juris.de/urhg/index.html Vertiefend finden Sie umfangreiche Informationen zum Urheberrecht und zur Rechtsdurchsetzung im geistigen Eigentum mit dem entsprechenden, am 01.09.2008 in Kraft getretenen Gesetz, unter http://www.bmj.bund.de/enid/560a4c1bc3621ed355f5bd5e1 ba2a5fa,0/Handels-_u__Wirtschaftsrecht/Urheberrecht_7b.html

Der oder die Urheber eines Musikstückes übertragen die Wahrnehmung ihrer Rechte in der Regel einem Musikverlag. Auch die Musikverleger haben sich, zusammen mit den Komponisten und Textdichtern, in der GEMA als Verwertungsgesellschaft zusammengeschlossen. Hier sind die Musikwerke gemeldet.

» Zur Verwendung sogenannter GEMA-freier Musik siehe Seiten 127, 130.

3. Nutzungsrecht

Nutzungsrechte (§ 31 UrhG, ff) an seinem Werk kann der Urheber Dritten gegen Vergütung anbieten, sie erwachsen aus Verwertungsrechten. Nutzungsrechte können als einfaches oder ausschließliches Recht sowie räumlich, zeitlich oder inhaltlich beschränkt vergeben werden:

» einfaches Nutzungsrecht, nicht exklusiv
» ausschließliches Nutzungsrecht, das den Inhaber berechtigt, das Werk unter Ausschluss aller anderen Personen auf die ihm erlaubte Art zu nutzen

Tipp: Was Liedtexte als Sprachwerk betrifft: In der GEMA haben sich innerhalb der musikalischen Urheber auch die Textdichter zusammengeschlossen, als Verwertungsgesellschaften zu spezifischen Aspekten im hier relevanten Bereich sind aber auch die VG Musikedition (www.vg-musikedition) und die VG Wort (www.vg-wort.de) zu berücksichtigen.

4. Leistungsschutzrechte

Im Bereich des Audio-Marketings werden Klänge, Tonfolgen und Songs etc. nicht nur entwickelt, sie werden auch interpretiert, eventuell gesungen, in verschiedener Weise vorgeführt oder publiziert beziehungsweise verbreitet. Daher sind auch Leistungsschutzrechte wesentlich zu beachten: Diese entstehen ausübenden Künstlern wie Sängern oder Musikern, die sie aber in der Regel nicht selbst vertreten, sondern an Verwertungsgesellschaften abtreten. Leistungsschutzrechte können aber auch Musikverlagen (Labels) und den Tonträgerherstellern sowie Veranstaltern entstehen. Die Rechte der Leistungsschutzberechtigten nimmt die Gesellschaft zur Verwertung von Leistungsschutzrechten GVL (www.gvl.de) wahr.

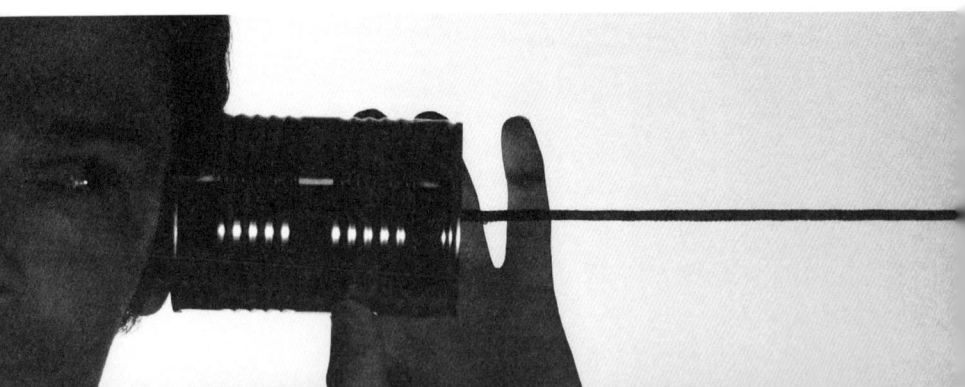

2. **Kann unser Unternehmen Urheberrechte an einem z. B. für das Audio-Branding und Audio-Marketing erstellten Musikwerk haben?**

Der Schöpfer eines Werkes ist immer eine natürliche Person, der Urheber. Eine Firma gilt als juristische Person, kann also nicht Urheber eines Werkes sein. Sie kann aber die Verwertungsrechte an einem Werk mittels arbeitsvertraglicher Regelung erhalten oder sie sich vom Urheber gegen eine entsprechende Vergütung abtreten lassen.

3. **Können wir nicht einfach für die Entwicklung unserer Corporate Sound Logos oder Corporate Jingles Musik- und Soundbausteine verändern, die es bereits gibt, und die uns gut gefallen?**

Prinzipiell wird ein guter Produktionspartner wie eine erfahrene Audio-Marketing-Agentur immer eine ganzheitliche, umfassende auditive Visitenkarte für Ihr Unternehmen entwickeln, in die viele Überlegungen bzgl. Markenaussagen, Emotionalität, Zielgruppenansprachen und Verwendungszwecke einfließen. Im Allgemeinen wird nur eine individuelle Komposition diesen wichtigen Ansprüchen gerecht werden – oder soll Ihr Unternehmen „so ähnlich klingen wie ein Joghurtwerbespot oder ein Western"?

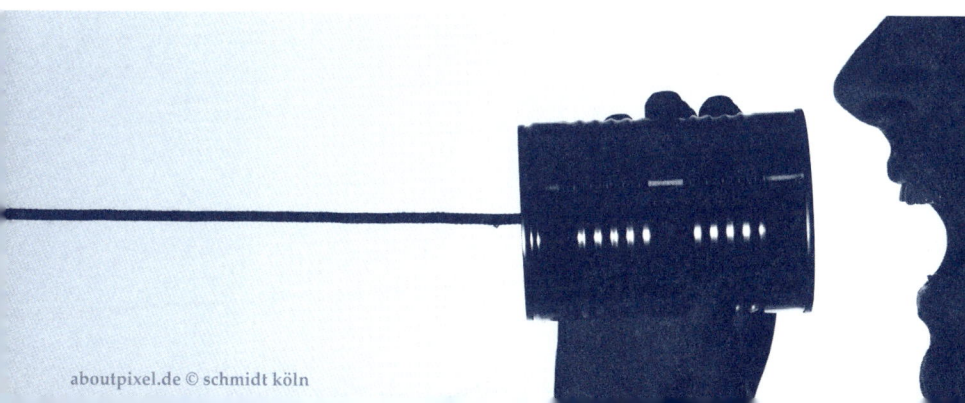

» Mehr zu
urheberrechtlich
freien Werken
siehe Seite 127

Grundsätzlich stellt es sich aus rechtlicher Sicht so dar, dass urheberrechtlich freie (!) Werke ohne besondere Genehmigung genutzt, verändert oder in umgestalteten Teilen benutzt werden können. Bei urheberrechtlich geschützten Werken ist dies nur mit der Genehmigung des jeweiligen Rechteinhabers möglich.

Auch bei der Bearbeitung entstehen Urheberrechte.

Bei der Überarbeitung entsteht dem Bearbeiter nach deutschem Urheberrechtsgesetz ein eigenes Urheberrecht an der Bearbeitung. Dies kann aber – wie gesagt – nur genutzt werden, wenn der Rechteinhaber des ursprünglichen Werkes in die Nutzung und/oder Bearbeitung eingewilligt hat.

4. An wen müssen wir uns im gegebenen Fall wenden, um solche Genehmigungen zu erhalten?

Angenommen Sie wollten tatsächlich geschützte Werke in veränderter Form für Ihre auditiven Branding-Module nutzen, dann ist im Einzelfall sehr genau zu differenzieren. Daher können an dieser Stelle auch nicht abschließend alle Fälle beschrieben, sondern nur Beispiele illustriert werden. Sie sollten sich bei einem solchen Vorhaben in jedem Fall erfahrenen juristischen Rat und Sachverstand aus dem Medienrecht einholen. Fallbeispiele: Möchten Sie als Unternehmen einem Publikum im Rahmen einer Kampagne oder z. B. bei einer Feierlichkeit ein bestimmtes Musikstück zu Ohren kommen lassen, ist die GEMA, die Gesellschaft für musikalische Aufführungs- und mechanische Vervielfältigungsrechte, Ihr Ansprechpartner.

Soll beispielsweise für einen Corporate Song eine Coverversion eines bekannten Musikstückes/Liedes eingesetzt werden, so sind die notwendigen Rechte ebenfalls über die GEMA einzuholen – und es ist darauf zu achten, dass es sich nach der Definition um einen Coversong handelt. Dies bezieht sich auf eine Neueinspielung ohne wesentliche Bearbeitung der Komposition und gegebenenfalls des Textes. Im Einzelfall ist zu prüfen, welche Bearbeitungen, die beispielsweise die Instrumentierung oder eine Transponierung in eine andere Stimmlage o. Ä. betreffen beziehungsweise darüber hinausgehen, als wesentlich oder unwesentlich zu gelten haben.

Werden wesentliche Bearbeitungen an dem Song vorgenommen, müssen Sie sich in der Regel direkt an den oder die Rechteinhaber, also den oder die Komponisten, den oder die Texter und/oder den Musikverlag wegen der erforderlichen Lizenzrechte wenden. Gleiches gilt für sogenannte Mash Ups (Mashups) oder Mixes, bei denen Fragmente aus mehreren Songs oder Musikstücken verbunden oder mit neuen Teilen vermischt und/oder bearbeitet werden. Im gegebenen Fall kann es sein, dass zudem noch Leistungsschutzrechte der die Originalsongs/Originalteile vortragenden oder ausübenden Künstler sowie eventuell der Tonträgerproduzenten tangiert werden.

Coversong oder überarbeiteter Song?

Gehen Sie also in jedem Fall auf Nummer sicher, dass alle Urheber-, Verwertungs- und Leistungsrechte aller in der Regel am Produktions- und Veröffentlichungsprozess beteiligten Parteien berücksichtigt wurden.

5. **Aber wenn uns doch vorschwebt, dass unsere auditive Visitenkarte so ähnlich klingen soll wie XY, können wir dann nicht einfach etwas nach diesem Muster komponieren lassen?**

In diesem Fall spricht man von einem Sound-Alike – und das ist meist keine gute Idee. Eine solche Auftragsproduktion wird sich unzweifelhaft dem Plagiatsvorwurf stellen müssen, wenn sie nicht ausreichend eigene kompositorische Elemente enthält, um als eigene Schöpfung durchzugehen. Dies wird im Zweifel vor Gericht mittels musikwissenschaftlicher Gutachten geklärt, in die neben musikanalytischen Aspekten auch persönliche Einschätzungen der Gutachter eingehen, sodass das Ergebnis selbst bei vorheriger eigener Prüfung durchaus unsicher ist. Wird ein Plagiat erkannt, hat dies ernste Konsequenzen für Auftragskomponist wie auch für Auftraggeber.

In der Praxis ist es jedoch weder nötig noch sehr hilfreich, wenn „Sound-Vorbilder" in den Audio-Branding-Prozess eingespielt werden. Eine erfahrene und renommierte Audio-Branding-Agentur wird Ihnen ein auditives Gesamtkonzept vorstellen, das sie aufgrund sorgfältiger Markenführungsarbeit entwickelt hat und das ihr Unternehmen so einzigartig repräsentiert, wie es ja auch ist!

6. Ich habe gehört, dass wir problemlos immer drei Sekunden auch einer geschützten Musik nutzen können. Stimmt das?

Das stimmt so nicht. Es halten sich zwar hartnäckig Faustregeln wie „drei Sekunden sind erlaubt" oder „acht Töne", doch sind diese nicht zutreffend, da sich die Schutzfähigkeit über die sogenannte Schöpfungshöhe definiert. Diese bestimmt sich nicht (allein) über die Dauer einer Tonfolge, sondern auch über die Charakteristik und weitere Faktoren. Es ist also immer eine Einzelfallprüfung durch spezialisierte Urheberrechtsexperten vonnöten – wenn auch bei denen oft Uneinigkeit in der Bewertung herrscht.

Schöpfungshöhe: Wie hoch ist die „individuelle Note"?

7. Was fällt unter freie Musik?

Schöpferische Werke, die keinen urheberrechtlichen Schutz genießen, werden auch „freie Werke" genannt. Hierzu gehören allgemein zum offiziellen Gebrauch entwickelte amtliche Texte sowie „Volksgut" wie Werke des allgemeinen Volksliedguts; aber auch Werke, deren Urheberrecht nach Ablauf der Schutzfrist erloschen ist („gemeinfrei").
Als „freie Musik" werden natürlich auch die Werke bezeichnet, die der Komponist der Allgemeinheit von Anfang an als urheberrechts- und lizenzfreie Musik ohne Vergütung zur Verfügung stellt.

In der Praxis stellt sich oft eine Begriffsverwirrung zwischen GEMA-freier Musik und „freier Musik" ein. Der Bereich der urheberrechtsfreien Musik ist breit gefächert (sodass wir hier nicht auf alle Einzelfälle und Lizenzmodelle eingehen können) und daher muss immer eine genaue Einzelfallprüfung stattfinden. Eine erfahrene Audio-Marketing-Agentur als Ihr Produktionspartner wird Ihnen an dieser Stelle aber immer weiterhelfen können.

Tipp: Es gibt auch den Begriff der freien Musik oder Open Music für Werke, die gemäß der Open-Source-Philosophie – ähnlich wie bei Software – entwickelt werden. Darunter zählen beispielsweise Lizenzen nach dem Open Music Project, die nach verschiedenen Erlaubnisstufen gestaffelt sind.
Wer sich hier tiefer einlesen will, kann mit den Wikipedia-Einträgen http://de.wikipedia.org/wiki/GEMA-freie_Musik und http://de.wikipedia.org/wiki/Freie_Musik starten; weiteres findet sich im Literaturverzeichnis in diesem Buch.

8. Wann erlöschen die Schutzrechte?

Das Urheberrecht erlischt 70 Jahre nach dem Tod des Urhebers respektive des am längsten lebenden Urhebers, wenn ein Werk von mehreren Miturhebern geschöpft wurde. Bei einem anonymen oder unter Pseudonym erschienenen Werk erlischt der Urheberschutz 70 Jahre nach Veröffentlichung beziehungsweise Schaffung, wenn der Urheber sich nicht vorher zu seinem Werk bekannt hat (§§ 64 – 66 UrhG).

Auch bei Leistungsschutzrechten ist zu differenzieren; sie erlöschen mit dem Tod des ausübenden Künstlers, jedoch erst 50 Jahre nach der Darbietung, wenn der ausübende Künstler vor Ablauf dieser Frist verstorben ist (§ 76 UrhG).

9. Wen vertritt die GEMA? Sollen oder können wir als Unternehmen auch beitreten?

Mitglied bei der GEMA kann jeder als Urheber im Musikbereich Tätige werden, dazu zählen Komponisten, Bearbeiter sowie Textdichter, wenn ihre Werke vertont sind. Außerdem können Verleger und Verlage im Musikbereich GEMA-Mitglied werden. Es gibt drei verschiedene Formen der Mitgliedschaft, die zum Beispiel unter www.gema.de ausführlich beschrieben sind. Entscheidend ist, ob Sie urheberisch oder verlegerisch tätig sind und mit einem sogenannten Berechtigungsvertrag die GEMA treuhänderisch mit der Verwaltung und Verwertung Ihrer Rechte beauftragen möchten. (Nur) Unter diesen Voraussetzungen macht eine GEMA-Mitgliedschaft also für Ihr Unternehmen Sinn.

Tipp: Wenn Sie auf der Suche nach einem lizenzierten Musikstück oder Tonträgerproduktionen sind, können Sie die Datenbanken der GEMA online durchsuchen:
http://www.gema.de/musikrecherche/

10. Wie werden Nutzungsrechte an Musikwerken international wahrgenommen?

Die GEMA hat eine Reihe von Gegenseitigkeitsverträgen mit (mehr als 70) ausländischen Verwertungsgesellschaften geschlossen. Damit sichert sie die Rechte ihrer Mitglieder weltweit. Das gilt natürlich auch umgekehrt: Die GEMA verwaltet auch die Rechte für Deutschland, die ausländischen Urhebern im Rahmen ihrer Verträge mit diesen Verwertungsgesellschaften entstanden sind.

11. Gibt es denn nicht auch GEMA-freie Musik, die verwendet werden kann?

Selbstverständlich ist ein Urheber nicht verpflichtet, seine Rechte von einer Verwertungsgesellschaft wahrnehmen zu lassen. Hat ein Urheber keinen Verwertungsvertrag mit der GEMA geschlossen, bietet er sein Musikwerk oder vielmehr die Verwertungsrechte an diesem als sogenannte GEMA-freie Musik an. In diesem Fall rechnet er die gewünschten Nutzungsrechte direkt mit dem Nutzer ab und überträgt sie ihm zu seinen Konditionen. Das hat nach aller Erfahrung für den Auftraggeber Vorteile bezüglich der Konditionen, des flexiblen Einsatzes und des signifikant geringeren Verwaltungsaufwandes. Besitzt der Urheber einen Verwertungsvertrag mit der GEMA, so ist es ihm nicht möglich, seine Musikwerke GEMA-frei anzubieten.

12. Kann unser Unternehmen solche Schutzrechte erwerben?

Urheberrechte im eigentlichen Sinn kann ein Unternehmen wie ausgeführt nicht erwerben, es kann sich die Verwertungs- und Nutzungsrechte an künstlerischen Werken/Musikwerken aber weitgehend übertragen lassen.

Tipp: Im Produktionsalltag kann man zwischen sogenannter GEMA-freier Musik, die meist auf Tonträgerdatenbanken angeboten wird, und speziell für eine Audio-Marketing-Kampagne komponierte freie Musik unterscheiden. Bei ersterer besteht natürlich die Gefahr, dass viele Nutzer diese einsetzen und somit die Einzigartigkeit des auditiven Erlebnisses verloren geht. GEMA-Musik ist da auch nicht immer die bessere Wahl, da zum einen die Nutzungsrechte mehrfach vergeben werden können und zum anderen auch das Image eines Künstlers „mit eingekauft" wird. Sinken dessen Popularitätswerte, kann die ganze Markenkampagne gefährdet werden. Individuell komponierte Musik, die einem ganzheitlichen Markenverständnis entspringt und dieses widerspiegelt, ist nach aller Erfahrung oft die beste Wahl – und kann auch günstiger sein als GEMA-Musik. Eine gute Audio-Marketing-Agentur kann Sie hier kompetent beraten und bringt die nötige Erfahrung mit, um Sie bei solchen Entscheidungen zu unterstützen.

Ist eine definierte einzigartige Tonfolge (als Teil seines Audio-Brandings) so charakteristisch für ein Unternehmen, dass es dies beziehungsweise seine Leistungen und Angebote unterscheidbar/erkennbar macht, kann das Unternehmen sie u. U. als Hörmarke anmelden und Schutzrechte unter dem Markenrecht daran erwerben.

13. Können also Tonfolgen auch als Marke geschützt sein respektive von uns geschützt werden?

Ja, auch „akustische Signale" oder „Hörzeichen" können als Marke geschützt werden, führt das Deutsche Patent- und Markenamt aus. Als unverwechselbares und einzigartiges Zeichen kann eine Hörmarke ebenso wie andere Marken und auch Patente geistiges Eigentum eines Unternehmens sein und einen Vermögenswert darstellen.

Tipp: Seit 1995 können in Deutschland Hörmarken eingetragen werden, doch bis Mitte 2004 wurde nur rund 150 Mal Gebrauch von dieser Möglichkeit gemacht. Im Vergleich zu den Tausenden von Wort-/Bildmarken bestehen hier also noch weitgehende Gestaltungsfreiheit und große Abgrenzungspotenziale – denken Sie im gegebenen Fall also rechtzeitig daran, Ihre Schutzrechte zu sichern.

14. Wie entsteht der Markenschutz für eine Hörmarke?

Der Schutz für eine solche Marke entsteht durch die Registrierung beim Deutschen Patent- und Markenamt (www.dpma.de). Dort können Sie alle Zeichen, die eindeutig und unverwechselbar sind und Ihre Produkte oder Dienstleistungen (also auch abstrakte Güter und Ideen) unterscheidungsfähig von anderen machen, anmelden beziehungsweise durch erfahrene Dritte (wie z. B. Patentanwälte) anmelden lassen. Mit der Eintragung der Marke erlangt der Markeninhaber das alleinige Recht, diese für die geschützten Waren und/oder Dienstleistungen zu nutzen oder sie Dritten zu überlassen respektive zu verkaufen.

Tipp: Auf seiner Website informiert das Deutsche Patent- und Markenamt ausführlich über alle Aspekte des Markenschutzes und der Anmeldung, dort finden Sie auch Merkblätter und Formulare zum Download: www.dpma.de

15. Kann ich beim DPMA auch internationalen Markenschutz beantragen?

Hier müssen wir zwischen zwei Fällen unterscheiden: 1. den Ländern der Europäischen Union und 2. weltweit.

1. Europäische Union

Wenn Sie Ihre Marke für die Länder der Europäischen Union schützen lassen möchten, können Sie eine sogenannte Gemeinschaftsmarke beantragen. Diese ermöglicht mit einer einzigen

Anmeldung einheitlichen Schutz für alle EU-Mitgliedstaaten. Dabei gilt: Wird die Marke in einem Land zurückgewiesen, verfällt sie für alle Länder. Zuständig für Gemeinschaftsmarken ist das Amt der Europäischen Union für die Eintragung von Marken und Geschmacksmustern HABM (Harmonisierungsamt für den Binnenmarkt) im spanischen Alicante. Dort reichen Sie Ihre Anmeldung direkt ein.

Tipp: Ausführliche deutschsprachige Informationen sowie Suchmöglichkeiten in der Gemeinschaftsmarkendatenbank CTM-ONLINE finden Sie direkt auf der Website des HABM: http://oami.europa.eu/ows/rw/pages/index.de.do

2. Internationaler Schutz

Wenn Sie Ihre Hörmarke international schützen lassen möchten, können Sie über das Deutsche Patent- und Markenamt einen Antrag auf internationale Registrierung bei der Weltorganisation für geistiges Eigentum, der World Intellectual Property Organization (WIPO/OMPI), stellen. Diese prüft den Antrag, trägt im gegebenen Fall die Marke in das internationale Register ein und veröffentlicht die Registrierung in der „Gazette des marques internationales". Damit ist Marke in jedem der benannten Länder als Schutzgesuch kenntlich. In einer folgenden Frist besteht die Möglichkeit, nach den nationalen Vorschriften den Schutz zu verweigern. Wird der Markenschutz in einem der Länder zurückgewiesen, bleibt er in den anderen gewählten Ländern bestehen, führt das DPMA aus.

Tipp: Umfangreiche Informationen und Suchmöglichkeiten finden Sie in englischer und weiteren Sprachen auf der Website des WIPO: www.wipo.int

16. Welche weiteren rechtlichen Aspekte muss unser Unternehmen in diesem künstlerischen Bereich noch beachten?

Unternehmen können als sogenannte Verwerter abgabepflichtig im Sinne des Künstlersozialversicherungsgesetzes KSVG an die Künstlersozialkasse (KSK) sein, wenn sie „typische Verwerter" sind, Werbung oder Öffentlichkeitsarbeit betreiben und nicht nur gelegentlich Aufträge an selbstständige Künstler und Publizisten erteilen oder nicht nur gelegentlich Aufträge an selbstständige Künstler oder Publizisten erteilen, um deren Werke oder Leistungen zu nutzen und damit Einnahmen zu erzielen. Unter die selbstständigen Künstler fallen ausdrücklich auch solche, die Musik schaffen oder ausüben.

Tipp: Prüfen Sie immer, ob Sie KSK-abgabepflichtig sind, wenn Sie einen selbstständigen Künstler oder eine entsprechende Gruppe mit kreativen Leistungen beauftragen; diese Pflicht entfällt, wenn Sie beispielsweise eine Kapitalgesellschaft (GmbH) beauftragen. Ausführliche Informationen zur Abgabepflicht und Abgabeschuld finden Sie auf der Website der KSK (www.kuenstlersozialkasse.de) unter http://www.kuenstlersozialkasse.de/wDeutsch/unternehmer/faqfuerunternehmenundverwerter.php

So finden Sie die richtigen Kompetenzpartner für Audio-Branding, Audio-Marketing und Audio-Interface-Design

So finden Sie die richtigen Kompetenzpartner für Audio-Branding, Audio-Marketing und Audio-Interface-Design

Wenn Sie nun von den Vorteilen eines professionellen, effizienten und emotionalen Audio-Brandings profitieren wollen, stellt sich die Frage, wie Sie die idealen Beratungs- und Produktionspartner finden und wie Sie Briefing und Produktionsprozess gestalten. Für diese Fragen liefern wir Ihnen in diesem Kapitel wesentliche Informationen und Hilfsmittel.

„Musik ist die Beschreibung der Welt ohne Worte und Begriffe. Sie ist die Philosophie der Gefühle."

Carl Ludwig Schleich
(1859-1922), deutscher Arzt und Schriftsteller

1. Wie finden wir den richtigen Partner, um Audio-Marketing-Konzepte für unsere Firma zu entwickeln und umzusetzen?

Prinzipiell ist wichtig, dass Sie sich vor der Suche über die eigentlichen Anforderungen an Ihren Kompetenzpartner im Klaren sind, denn er muss die gekoppelte Kompetenz im Audio-Branding und -Marketing und im Audio-Interface-Design mitbringen. Erst in der Verbindung dieser integral zusammenspielenden Bereiche wird sich erweisen, ob der Corporate Sound auch crossmedial funktionieren wird – und dafür brauchen Sie einen Experten, der alle Module des Audio-Marketings und alle Kommunikationsschnittstellen, auch Telefonie und Internet, gleichermaßen beherrscht. So gibt es viele Tonstudios, Komponisten und Sounddesigner, die beispielsweise gute Arbeiten für Film, Funk und Fernsehen abgeliefert haben, doch keine Erfahrung mit Audio-Interface-Design mitbringen und Sprachportale nur von eigenen Anrufen kennen. Eine umfassende Expertise von der Entwicklung der Audio-Branding-Konzepte über die Sound-Identity-Gestaltung und die Produktion der Audio-Module bis hin zur Umsetzung an den überaus wichtigen Daily Touchpoints Internet und Telefonie können nur wenige Agenturen vorweisen.

Wie Sie diese finden: Am Anfang steht gewöhnlich eine Recherche, die Ihnen eine Vorauswahl liefert. Um den für Sie passenden Partner im Audio-Branding zu finden, haben wir hier eine Checkliste entwickelt, nach der Sie vorgehen können.

Checkliste Agenturauswahl

✓	Entscheidendes Auswahlkriterium
	Die Agentur ist aktiv im Markt verwurzelt, zum Beispiel auf Branchen- und Fachmessen vertreten.
	Die Experten und Berater der Agentur beweisen ihre Expertise durch Veröffentlichungen.
	Der Internetauftritt ist professionell und zeigt schon eine erste Orientierung auf.
	Beratung ist eine Kernkompetenz, das Angebot erscheint nicht produkt-, sondern lösungsgetrieben.
	Die Agentur versendet nicht einfach „auf Verdacht hin" Angebote, sondern setzt sich zunächst sehr ausführlich mit den jeweiligen Zielen, Wünschen, Zielgruppen und Vorbedingungen auseinander.
	Die Agentur bietet sowohl Full-Service im Bereich Audio-Branding, Audio-Marketing und Audio-Interface-Design, als auch die Möglichkeit des sukzessiven Aufbaus von integral zusammenwirkenden Bausteinen an.
	Die Agentur kann respektable Empfehlungen und Referenzen vorweisen.
	Die Agentur versteht individuelle Anforderungen aus unterschiedlichen Märkten, was sie durch eigene Best-Practice-Stories aus der jeweiligen Branche belegen kann.
	Die Agentur ist stets erreichbar und geht auf Anfragen direkt und umfassend ein.

Tipp: Sie können alle Checklisten aus diesem Buch kostenfrei aus dem Downloadbereich unter www.auditives-marketing.de/ checklisten oder www.comevis.com/checklisten herunterladen.

2. Die Vorauswahl ist getroffen – wie gehen wir dann weiter vor?

Haben Sie nun eine Vorauswahl an möglichen Partnern aus dem Bereich Audio-Branding und/oder Audio-Interface-Design getroffen, werden Sie möglicherweise eine oder auch zwei Agenturen zum persönlichen Kennenlernen und Briefing einladen.

Bei der (telefonischen) Kontaktaufnahme geben Sie eine sehr grobe Zielvorstellung des angedachten Projektes („Outline"), damit der Ansprechpartner sich orientieren kann. „Wir würden gerne mal wissen, was überhaupt geht" oder „senden Sie uns mal fix so ein Angebot zu" sind Sätze, mit denen kein professioneller Produktionspartner arbeiten kann – leider aber Sätze, mit denen Agenturen in der Realität oft konfrontiert werden. Wenn Sie sich aber beim ersten Kontakt und dem Outline „gut aufgehoben" bei der Agentur fühlen, werden Sie sie zum Kennenlernen und Briefing einladen.

Tipp: Um ein noch besseres Gefühl für den „Spirit" des Produktionspartners, die kreative Kompetenz und die Beratungskompetenz zu erhalten, kann es sinnvoll sein, einen (weiteren) Gesprächstermin bei dem Produktionspartner vor Ort abzuhalten. Dann sind Sie schnell sicher, ob die kreative Chemie zwischen Ihnen stimmt.

3. Was müssen wir beachten, wenn eine Audio-Branding- oder -Marketing-Agentur zum Kennenlerntermin oder Briefing zu uns kommt?

Zuvor ist es wichtig, dass Sie sich selbst gut vorbereiten, um der Agentur Ihre ersten Anforderungen skizzieren oder bereits ein professionelles strategisches oder kreatives Briefing geben zu können. So können Sie die wesentlichen Informationen auch wirklich transparent und effizient an den Briefingnehmer, den Produktionspartner, übermitteln. Das Briefing gibt der Agentur den Rahmen für deren strategische und/oder kreative Arbeit und Ihnen selbst die Sicherheit, alle Ihnen wichtigen Aspekte erläutert zu haben. Das heißt natürlich nicht, dass Sie schon selbst Konzepte entwickeln sollen und diese dem Kreativpartner „auf's Ohr drücken", sondern dass Sie Ihre Wünsche und auch alle relevanten Anforderungen aus allen den späteren Einsatz betreffenden Bereichen hier einbringen können.

„Kein geschriebenes Wort kann die Intensität von Musik erreichen."

Damaris Wieser
(*1977), deutsche Lyrikerin

Auch für den Briefingprozess können Sie Checklisten nutzen, wie beispielsweise die folgenden, die Sie natürlich erweitern oder umschreiben können.

Checkliste Briefingvorbereitung extern

✓	To Do
	Haben Sie alle wichtigen internen Entscheider und Impulsgeber in die interne Vorbereitung des Briefings eingeschlossen und deren Wünsche und Angaben eingeholt?
	Liegen die relevanten strategischen Informationen wie Vision des Unternehmens, evtl. Wertekatalog („was zeichnet uns aus", „wofür stehen wir" etc.) und CI-Vorgaben vor?
	Haben Sie der Agentur mitgeteilt, wer von Ihrer Seite aus am Termin teilnehmen wird?
	Haben Sie die Hauptpunkte Ihres Briefings schriftlich notiert?
	Haben Sie festgelegt, wer wie protokolliert, damit nachher alle wesentlichen Informationen so festgehalten sind, dass Eindeutigkeit und Einverständnis herrschen?

Tipp: Sie können alle Checklisten aus diesem Buch kostenfrei aus dem Downloadbereich unter www.auditives-marketing.de/checklisten oder www.comevis.com/checklisten herunterladen.

Während des Briefingtermins wird ein professioneller Produktionspartner viele Fragen an Sie haben, auf die Sie sich vorbereiten können, damit das persönliche Kennenlernen für beide Seiten einen möglichst hohen Nutzen und Erkenntniswert hat. Solche Fragekomplexe können sein:

Checkliste Briefing intern

✓	Ihre eigene Vorbereitung auf das Briefing
	Welche Ziele wollen Sie mit Ihrer Audio-Branding-Strategie erreichen?
	Welche Zielgruppen werden genau an welchen kommunikativen Schnittstellen erreicht? Was wissen Sie über diese? Was zeichnet sie aus?
	Mit welchen Attributen würden Sie die Marke/Ihr Produkt/Ihre Dienstleistung/Ihr Unternehmen beschreiben? Welche emotionalen Aussagen sind damit verbunden?
	Welche Aspekte des multisensorischen Marketings treffen auf Ihre Marke/Produkt/Dienstleistung zu? Haptik? Sensorik? Farben? Texturen? Düfte?
	Liegen schriftliche Festlegungen zur Corporate Culture und Corporate Identity vor? Nutzen Sie diese Unterlagen für den Briefingtermin.
	Welche auditiven Elemente wurden bereits entwickelt? Denken Sie hier auch an Radiospots, Werbung und die wichtigen Daily Touchpoints wie Telefoniesysteme/Sprachportale und Ihre Internetpräsenz.
	Wie ist der Stand des Einsatzes dieser Elemente oder Module?
	Welche Zeitrahmen sind vorgesehen? Gibt es einen bestimmten Anlass mit Termin, zu dem die Module umgesetzt sein müssen?

Tipp: Sie können alle Checklisten aus diesem Buch kostenfrei aus dem Downloadbereich unter www.auditives-marketing.de/checklisten oder www.comevis.com/checklisten herunterladen.

Nach dem Briefing erhalten Sie von dem oder den vorausge-
wählten Kompetenzpartnern ein Angebot oder einen Kosten-
voranschlag mit Projektbeschreibung. Wenn Sie sich nun für
eine Agentur entschieden haben, geht es noch um den Vertrag
und den Projektstart.

4. Der Vertragsschluss: Was muss dabei beachtet werden?

Eine erfahrene, renommierte Audio-Branding-Agentur hat im
Allgemeinen Standardvertragsformulierungen vorbereitet, die
individuell adaptiert werden.

*Tipp: Achtung bei unerfahrenen Agenturpartnern; hier können –
durchaus wohlmeinend oder arglos – Fehler bei Vertragsabschluss
oder Rechtedefinition unterlaufen, die im Zweifel nicht nur ärger-
lich sind, sondern auch teuer werden. Gerade mit Urheber- und
verwandten Schutzrechten ist „nicht zu spaßen".*

Zu beachten ist, dass die Rechtesituation bzgl. Urheberrecht-
schutz und verwandter Schutzrechte geregelt ist – und zwar
einerseits, wenn bestehende Rechte Dritter tangiert werden
(weil bereits veröffentlichte Audio-Module genutzt werden),
und andererseits, was Neukompositionen, Arrangements und
Nutzungsrechte betrifft.

» Zu den Schutz-
rechten siehe
Seite 119.

„Musik ist die gemeinsame Sprache der Menschheit."

Henry Wadsworth Longfellow
(1807-1882), amerikanischer Lyriker und Dramatiker

5. Wie definieren wir mit der ausgewählten Partneragentur den Projektverlauf?

Entscheidend ist, dass Ihr Projektpartner und Sie wirklich genau das gleiche Ziel ansteuern. Dieses „Commitment" können Sie auch schriftlich darlegen – nichts ist schwieriger für beide Seiten, als wenn im Entwicklungsprozess willkürliche Kursänderungen auftreten, der Zeitplan verlassen wird und das Projekt sich deutlich in die Länge zieht oder sich schleichend eine Entfremdung von der früheren Zielsetzung einstellt. Das passiert nach aller Erfahrung dann, wenn es eine hohe Fluktuation in den Teams gibt, wenn einer der Player versucht, eigene „geschmäcklerische" Vorstellungen durchzusetzen, die womöglich auch noch gewissen Schwankungen unterworfen sind, oder wenn sich die Unternehmens- oder Markenführungspolitik substanziell ändert. In letzterem Fall ist allerdings wirklich anzuraten, dass die Audio-Branding-Strategie nochmals analysiert und gegebenenfalls angepasst wird. Um den ersten beiden genannten Fällen – und Fallen – zu entkommen, ist wichtig, dass auf Seiten des Audio-Branding-Partners wie auf Ihrer Seite Teams am Entwicklungsprozess beteiligt sind, die alle erforderlichen Kompetenzen abdeckt, und die jeweilige Projektleitung den Dirigentenstab in der Hand behält.

Dann werden Sie die Ziele, Fristen und Zwischenziele, die sogenannten Milestones, definieren. Ihr Produktionspartner wird das Projektmanagement innehaben und muss dafür sorgen, dass an diesen Milestones die definierten Arbeitsschritte umgesetzt worden sind. Daran schließen sich Feedback-Schleifen an – Ihre Aufgabe ist es nun, gegebenenfalls Änderungswünsche bezüglich Sound- und Textmodule präzise mitzuteilen respektive valide Freigaben zu erteilen. Nutzen Sie die Möglichkeit, die der Rückkopplungsprozess Ihnen bietet – denn hier, im auditiven Entstehungsprozess – bilden Sie eines der wichtigsten und emotionalsten Marketingtools mit, über das Ihr Unternehmen und Ihre Abteilung verfügen wird!

» Zur Besetzung der Kompetenzteams auf beiden Seiten siehe Seite 104 f.

Sound in (E)motion:
Best practice

Fallbeispiele für Audio-Branding, Audio-Marketing und
Audio-Interface-Design der comevis GmbH & Co. KG, Köln

Marke
Base

Audio-Branding Phone-Image	✓
Audio-Marketing-Module	✓
Audio-Interface-Design	✓
Daily-Touchpoint-Design	✓

Zielsetzung	Optimierung der telefonischen Serviceportale gemäß der Markenpositionierung auf Bedürfnisse wie dem Wunsch nach Einfachheit, Entlastung und hervorragendem Service.
Besonderheit	Im Zentrum stand die Erhöhung der emotionalen Erlebnis-qualität bei jedem Kundenkontakt.
Ergebnis	Alle Elemente im Dialogsystem wurden im Jahr 2008 an die Markenwerte angepasst, die Tonalität definiert und eine „BASE-Telefonie-Sprache" entwickelt. Die gesamte auditive Wirkung überzeugt durch ihr unkompliziertes, einfaches und frisches Design.
Hörbeispiele	www.comevis.com/inspiration

„Insbesondere für einen Mobilfunkanbieter stellt diese Form der Kundenkommuni-kation ein Kernstück beim Aufbau des Markenimages dar. Durch das neue Design und die konsequente Integration eines abgestimmten Corporate Audio-Profils wird eine positive Atmosphäre geschaffen, welche zu einer Stärkung der Markensympa-thie und -bindung führt und eine positive Grundstimmung schafft."

Jochen Dicken
MCC Customer Care
E-Plus Gruppe

Marke

e-plus

e·plus⁺

Audio-Branding Phone-Image	✓
Audio-Marketing-Module	✓
Audio-Interface-Design	✓
Daily-Touchpoint-Design	✓

Zielsetzung	CI-gerechte Gestaltung des Phone-Image der Marke im telefonischen Service.
Besonderheit	Ein besonders hoher Fokus wude auf individuelle Dialog-situation je Servicesituation gelegt.
Ergebnis	Eine besonders frische und sympathische akustische Visitenkarte unterstützt seit dem Jahr 2007 in allen täglichen Tele-Dialog-Situationen.
Hörbeispiele	www.comevis.com/inspiration

„Es ist aus unserer Sicht erneut gelungen, mit den Services unserer Marken im Kundenkontakt einen Schritt voraus zu sein, indem wir ein besonders kunden-freundliches und sympathisches Serviceportal geschaffen haben."

Christian Tromm
Team Manager
MCC Customer Care
E-Plus Gruppe

Marke
Condor

Audio-Branding	✓
Audio-Marketing-Module	✓
Audio-Interface-Design	✓
Daily-Touchpoint-Design	✓

Zielsetzung	Schaffung einer emotionalen Klangwelt, die definierte Zielstimmungen weckt und in verschiedenen Sprachversionen international funktioniert.
Besonderheit	Besonders emotionale gesangliche Interpretation des emotionalen Markenversprechens [claim] „Wir lieben Fliegen"
Ergebnis	Die entwickelten Audiodesigns wurden in sechs Sprachen angelegt [Deutsch, Englisch, Italienisch, Französisch, Spanisch und Türkisch] und unterstützen seit dem Jahr 2006 im täglichen Einsatz.
Hörbeispiele	www.comevis.com/inspiration

„Condor ist für ihre Kunden rund um die Uhr erreichbar und dieser Service ist von einer Branchenzeitschrift mit „sehr gut" ausgezeichnet worden. Aber nicht nur die Erreichbarkeit ist wichtig. Entscheidend für hervorragenden Kundenservice ist neben einer professionellen Betreuung durch unsere Agenten vor allem das Audio-Interface-Design, also die auditive Aura der erlebten Servicesysteme."

Heidi Schüritz
General Manager Customer Contact Center
Condor

Marke

Hapag-Lloyd Kreuzfahrten

Audio-Branding	✓
Audio-Marketing-Module	✓
Audio-Interface-Design	✓
Daily-Touchpoint-Design	✓

Zielsetzung	Die ganze Welt liegt auf Ihrem Weg. Diese Vorgabe wurde in eine Klangwelt übersetzt, die einer Positionierung der Marke im Luxussegment gerecht wird.
Besonderheit	Hoch emotionale, auditiv gestützte Gefühlswelten für ein Luxusprodukt der Spitzenklasse.
Ergebnis	Musik, Klangräume, Stimmen und originale Klang-elemente wie beispielsweise die Schiffsglocke der MS EUROPA bilden den Rahmen für die akustische Kommunikation.
Hörbeispiele	www.comevis.com/inspiration

„Im touristischen Segment der Luxusreisen haben wir mit unserem Audio-Branding eine überzeugende auditive Identität in der täglichen Kommunikation mit unseren Kunden und Geschäftspartnern geschaffen. Denn unsere Gäste sind Service auf absolut höchstem Nieveau gewohnt - und diesem Anspruch werden wir auch hier gerecht."

Klaus Wöhrmann
*Gruppenleiter Verkaufs- und Produktberatung
Hapag-Lloyd Kreuzfahrten*

© Hapag_Lloyd

Marke

AIDA Cruises

Audio-Branding	✓
Audio-Marketing-Module	✓
Audio-Interface-Design	✓
Daily-Touchpoint-Design	✓

Zielsetzung	AIDA Cruises ist die Nummer eins auf dem deutschen Kreuzfahrtmarkt. Mit dem Konzept der modernen, legeren Kreuzfahrt trifft AIDA das Lebensgefühl aktiver, aufgeschlossener Gäste jeden Alters. Das Unternehmen setzt ständig neue und außergewöhnliche Akzente für Urlaub auf dem Meer. Grundsätzliches Ziel war eine funktionale und gleichsam beeindruckende akustische Visitenkarte. Unterschiedliche Aspekte von Geschäftspartnern (Reisebüros etc.) und Endkunden wurden differenziert betrachtet und in der Projektumsetzung berücksichtigt. Für das gefühlte Erleben wurde eine Corporate-Sound-Systematik erschaffen, die auch im crossmedialen Einsatz, beispielsweise im Internet oder an anderen Kommunikationsschnittstellen, zum Einsatz kommen kann.
Besonderheit	Corporate Voice: Das sympathische Lächeln ist das Markenzeichen von AIDA. Es verkörpert Leichtigkeit, Genuss, Entspannung und Emotionalität. Die Synchronstimmen von Brad Pitt und Angelina Jolie unterstreichen die überaus positive und starke Marke. Denn das Image der Schauspieler (attraktiv, sinnlich, aktiv, Abenteuer verheißend) spiegelt die Markenpersönlichkeit von AIDA wider. Die private Partnerschaft der prominenten Schauspieler wirkt sich zusätzlich positiv aus.

Ergebnis	Eine schlüssige Klangwelt, die ihren besonderen Reiz durch prominente Stimmen und eine spannende Earcatcher-Systematik [Wasser, Bongos, Steelpans, Möwe] erhält. Die gewählte Klangwelt ist seit dem Jahr 2005 erfolgreich im Einsatz.
Hörbeispiele	www.comevis.com/inspiration

„Der Corporate Sound passt perfekt zum Charakter von AIDA. Die prominenten Sprecher und die Geräusche von Meer, Möwen und karibischen Instrumenten erzeugen eine wunderbar entspannte Stimmung, die sofort die Sinne beflügelt und die Vorfreude auf den Urlaub weckt."

Jörg Eichler
Senior Vice President Marketing & Sales
AIDA Cruises

© AIDA Cruises

Marke

ÖGER Tours

Audio-Branding	✓
Audio-Marketing-Module	✓
Audio-Interface-Design	✓
Daily-Touchpoint-Design	✓

Zielsetzung	Komposition eines Corporate Sound, der ethnische Aspekte einbindet, auf europäischer Ebene funktioniert und einfach Reiselust verdeutlicht.
Besonderheit	Der Corporate Sound soll aus der Betrachtung vieler unterschiedlicher Zielgruppen seine Wirkung entfalten und muss dennoch einen erkennbaren Klangkern enthalten, der die Marke ÖGER Tours treffend vermittelt.
Ergebnis	Es entstand eine weltoffene Klangwelt in der das orientalische Seiteninstrument „Saz" auf angenehme und zurückhaltende Weise zur akustischen Emotionalisierung und Positionierung beiträgt. Die Saz ist die türkische Laute. Das Wort „Saz" stammt aus dem Persischen, wo es unter anderem „Musikinstrument" bedeutet. In der Türkei wird dieses Instrument auch Bağlama genannt. Es ist das traditionelle Begleitinstrument der Barden, die man in Anatolien und im Kaukasus Aşık (Ashyq, Ashuq, aus dem Arabischen عاشق „der Liebende") nennt.
Hörbeispiele	www.comevis.com/inspiration

„Die Veranstaltergruppe ÖGER Tours ist mit über 1,5 Mio. Gästen jährlich derzeit der sechsgrößte Reiseveranstalter in Deutschland. Hier reden wir von vielen Millionen Kontakten an unseren Kommunikationsschnittstellen. Mit den entwickelten Audio-Marketing-Modulen konnten wir die auditive Ebene dieser Kundendialoge überzeugend optimieren."

Wybcke Meier
Geschäftsleitung
ÖGER Tours GmbH

Marke

WAZ Mediengruppe

Audio-Branding	✓
Audio-Marketing-Module	✓
Audio-Interface-Design	✓
Daily-Touchpoint-Design	✓

Zielsetzung	Die WAZ Mediengruppe mit Hauptsitz in Essen entwickelte sich seit Mitte der 1980er Jahre durch gezielte Investitionen im In- und Ausland zu einem der bedeutendsten europäischen Medienunternehmen. Im Audio-Branding-Prozess wurde eine auditive Dachmarke mit einer Sound Identity entwickelt, die in individuelle Audio-Sub-Brands für die zugeordneten Unternehmen umgesetzt wurde. Diese dokumentieren Eigenständigkeit, den jeweils eigenen Markenkern der Sub-Brands und sind erkennbar der akustischen Dachmarke zuzuordnen.
Besonderheit	Corporate-Sound-Systematik: auditive Dachmarkenstrategie inkl. vier Sound-Sub-Brands
Ergebnis	Das Ergebnis ist ein hoch modulares, crossmedial einsetzbares Klangkonzept, das sich durch seine integrierende Systematik auszeichnet.
Hörbeispiele	www.comevis.com/inspiration

„Die Dachmarkenstrategie im Audio-Branding ist bei der WAZ-Gruppe als einem der führenden Verlagsunternehmen Deutschlands einzigartig umgesetzt. Corporate Sound mit markenspezifischen Klängen, Regionalität mit weltoffenem Anspruch."

Carsten Groß
Marketing & Kommunikation
WAZ Mediengruppe

Marke

Yves Rocher

YVES ROCHER

Audio-Branding	✓
Audio-Marketing-Module	✓
Audio-Interface-Design	✓
Daily-Touchpoint-Design	✓

Zielsetzung	Ein Unternehmer mit Visionen: Yves Rocher. „In meinem Heimatdorf La Gacilly, in der Bretagne, entdeckte ich meine Leidenschaft für die Pflanzenwelt. Blühende Wiesen, Moorlandschaften und die Wälder der Bretagne waren und sind für mich eine unerschöpfliche Quelle der Inspiration." Mit dieser Vision und der Fokussierung auf Pflanzen-Kosmetik galt es, ein passendes Soundkonzept zu entwickeln.
Besonderheit	Übersetzung der besonderen Gefühlsmomente von Pflanzen-Kosmetik und Wellness für die Sinne in Klang.
Ergebnis	Musik, Klangräume und thematisch hinführende Sound-elemente schaffen ein besonderes Gefühl des Wohlbefindens.
Hörbeispiele	www.comevis.com/inspiration

„Inspiration, Emotion, Wohlgefühl, Klarheit, Frische, Natur, Schönheit - der Klang von Yves Rocher setzt unsere Vision perfekt um. Außergewöhnlich und zauberhaft - das bestätigt sich mit der Kundenzufriedenheit an den Daily Touchpoints."

Norbert Klügel
Leiter Kundenservice
Yves Rocher

Marke

Deutsche BKK

Ihrer Gesundheit zuliebe
Deutsche BKK ●

Audio-Branding	✓
Audio-Interface-Design	✓
Daily-Touchpoint-Design	✓

Zielsetzung	Der gelbe Punkt im Logo der Deutsche BKK visualisiert die positiven Aspekte des Lichts und der Sonne. Diese Assoziationen sollten auch auf akustischer Ebene auf die Marke übertragen werden.
Besonderheit	Der entwickelte Corporate Sound ist besonders beschwingt und sympathisch und begleitet die Versicherung nun schon erfolgreich im fünften Jahr.
Ergebnis	In vielen Humderttausenden Kontaktsituationen sorgt die gewählte Soundidentität für die richtige emotionale Stimmung bei den Versicherten der Deutschen BKK.
Hörbeispiele	www.comevis.com/inspiration

*„Als größte deutsche Betriebskrankenkasse haben wir
den Anspruch, unseren Versicherten außergewöhnlichen
Service zu bieten. Dazu gehört auch, die richtige Atmosphäre für ein
vertrauensvolles Miteinander zu schaffen. Das hat unser Audio-Branding-Konzept
mit erzielt."*

Stefanie Winkler
*Marketingleitung
Deutsche BKK*

A

Acoustic Branding   59

Akustisches Brand   12

Audio-Branding   *11 ff, 23, 52, 57 ff,*
                                    71 ff, 80, 101 ff, 118,
                                      123, 126, 136 ff

Audio-Branding-Prozess   *105, 106, 109, 126*

Audio-Interface-Design   *13, 59, 72, 136 ff*

Audio Logo   *57, 59, 63*

Audio-Marketing   *11, 12, 57 ff, 67,*
                                    70 ff, 80, 107 ff, 123,
                                      128, 131, 136 ff

Audio-Module   145

Audio-User-Interface   13

AUI   *84, 85, 98, 107, 111*

B

Bearbeiter   *124, 129*

Bildlogo   63

Blog   23

Branding   *11 ff, 23f, 51 ff,*
                                       101 ff, 136 ff

Branding Voice   66

Briefing   *107, 138, 142 ff*

Budget   111

C

Call Flow   *92, 96, 97, 99, 113*

Call Routing   96

Corporate Behaviour   68

Corporate Earcatcher   *64*

Corporate Hymn   *65, 80*

Corporate Identity   *23f, 51, 69, 80, 90, 144*

Corporate Jingle   *61, 62, 64, 65, 82*

Corporate Music   *80, 99*

Corporate Ringtone   *81*

Corporate Song   *62, 65, 80, 110, 125*

Corporate Sound Logo   *59, 62, 63, 82*

Corporate Voice   *62, 65, 79, 82, 99*

Coversong   *125*

Coverversion   *125*

Crossmedialität   *73*

Customer Relationship Management   *114*

D

Daily Touchpoint   *79, 87 ff, 139, 144*

Dialogdesign   *18, 113*

Dialoggestaltung   *13, 24*

Dur   *32, 47, 51*

Dynamik   *26*

E

Earcatcher   *11, 64*

Earcon   *61, 64, 79, 82, 99, 113*

Emotion   *17, 22, 23, 27, 42, 43*

Emotionalität   *17, 68, 113, 123*

Emotional Value Added   *17, 24, 58, 68, 69*

Ergotroph   *31*

Erlöschen, Schutzrechte   *128, 129*

F

Farbe 17, 47, 49, 51, 144

Feedbackschleife 107, 108

Fit, Fitting 24, 52, 53, 109

G

GEMA 118, 121 ff

GEMA-freie Musik 130

Graphic User Interface, GUI 90, 98

H

Harmonie 28, 42

Hörereignis 29, 46, 47

Hörmarke 19, 64, 132, 133, 134

Hörsinn 25, 38 ff, 71

Hymne 62, 65, 80, 81, 83

I

Imagefilm 23, 78

Instrumentierung 47, 48, 54, 55, 62, 125

Internationale Schutzrechte 134

Internet 23, 33, 59, 65, 78f, 83, 87 ff, 99, 107, 114, 139f

J

Jingle 61, 62, 64, 65, 82, 99

K

Kampagne 26, 74, 124, 131

Klang 11 ff, 22, 25, 31 ff, 42 ff, 65, 75, 81, 115

Klangkonzept 24, 61, 72, 90, 91

Klangmarke 19, 64, 132, 133, 134

Klang-Schlüssel 15, 16, 22

Klingelton 81, 83, 91

Kommunikationsdesign 18

Kommunikationsschnittstellen 12, 26, 59, 61, 73, 78, 79, 139

Komponist 17, 29, 69, 106, 119, 127

Komposition 26, 42, 45, 123, 125

KSK 118, 135

Kundenbindung 68

L

Lautstärke 54

Lied 25

Logo 12, 59, 61 ff, 82

M

Markenführung 58 ff, 70 ff, 90, 104, 110

Markenschutz 133, 134

Markenwerte 106

Melodie 25, 42, 62, 64

Milestones 107, 147

Module 23, 45, 52, 59, 61 ff, 72 ff, 79 ff, 106 ff, 124, 139, 144f

Moll 32, 47, 51

Multisensorisches Marketing 70

Musikverlag 118, 121, 125

Musikwerk 119, 120, 123, 130

N

Nutzerführung	59, 90 ff, 111
Nutzungsrecht	121

P

Persona Design	107
Point of Information, PoI	23, 66, 78, 79
Point of Sale, PoS	23, 66, 71, 79, 83
Produktbrand	12
Produkteigenschaften	51
Projektmanagement	147
Prompts	72, 113, 114
Prosodik	97
Psychoakustik	29, 41, 46

R

Radiospot	83
Rauigkeit	46
Reinzeichnung	106, 107
Rhythmus	32, 40, 42, 54, 62

S

Schall	29, 40, 42, 46, 75
Schallereignis	46
Schöpfung	119, 120, 126
Schöpfungshöhe	127
Schutzrechte	118, 119, 121, 128, 131, 132, 145

Simulationssystem	108
Sound Branding	59
Sound Identity (SI), Sound-ID	58, 61f, 72f, 106, 108, 157
Sound Logo	59, 62, 63, 82
Sound Scape	62, 66, 84, 91, 99
Special Touchpoints	79
Sprachportal	95, 97, 99
Stimmlage	125
Stress	31
Sub-Brands	109
System-Aura	66, 84, 90, 114

T

Tastsinn	16
Telefonie	23, 59, 72, 79, 87 ff, 101, 107, 111 ff, 139
Tempo	26, 54, 62
Testing	107, 108
Textmodule	65, 72, 113, 114, 147
Text Voice	65, 99
Theme Song	65
Tonalität	33, 47, 55, 62, 66, 113
Tonlage	25
TSS	92, 93, 94, 114
TV-Spot	63

U

Urheberpersönlichkeitsrechte	120
Urheberrechte	119, 120, 123, 124, 131
Urheberrechtsgesetz	119, 124

V

Verwertungsgesellschaften	118, 122, 130
Verwertungsrechte	119, 120, 123, 130
Voice-Anwendungen	84
Voice Casting	107
Voiceportal	96, 97
Voice User Interface, VUI	84, 85, 98

W

Werbemittel	81
Werbung	11, 26, 47, 50, 53, 65, 81, 82, 90, 99, 135, 144
Werk	25, 119, 120, 121, 123, 128

Z

Zufriedenheit	93, 94, 101, 112

Literaturverzeichnis

Hier finden Sie die zu Recherchezwecken verwendete Literatur sowie einige Tipps zum vertiefenden Weiterlesen.

Artelt, D. (Hg.): voice compass 2007, o.V., Aachen, 2006

Bartsch, S.: Zufrieden mit dem Selfservice?; in: VoiceBusiness Jahrbuch 2009, telepublic Verlag, Hannover, S. 90 – 92

Bessing, J.: Liebe geht durch die Nase; in:
Welt am Sonntag, 30.10.2005, S. 27

Bertoni, A. / Geiling, Reinhold: Funktion der Musik in der Werbung; in: Handbuch der Musikwirtschaft, Moser, R. / Scheuermann, A. (Hg.), Musikmarkt, München, 1997, S. 415 – 428

Ghazizadeh, Ulrich R.: Werbewirkungen durch emotionale Konditionierung: Theorie, Anwendung und Messmethode; Reihe: Europäische Hochschulschriften, Bd. 851, Verlag Peter Lang, Frankfurt/Main, 1987

Hagemann, H.-W./ Schürmann, P.: Der Einfluss musikalischer Untermalung von Hörfunkwerbung auf Erinnerungswirkung und Produktbeurteilung; in: Marketing ZfP 4/1988, S. 271 – 276

Helms, S.: Musik in der Werbung; Reihe: Materialien zur Didaktik und Methodik des Musikunterrichts, Bd. 10, Breitkopf & Härtel, Wiesbaden, 1981

Jourdain, R.: Das wohltemperierte Gehirn. Wie Musik im Kopf entsteht und wirkt, Spektrum, Heidelberg und Berlin, 2001

Kapteina, H.: Skript zur Einführung in die Musiktherapie. Musikpsychologische und klinische Grundlagen des Helfens und Heilens mit Musik. Universität Siegen, 2006

Kapteina, H.: Was geschieht, wenn wir Musik hören. Fragmente zur Psychologie des Hörens; o.V., o. O., als .PDF dokumentiert unter: http://www.musiktherapie.uni-siegen. de/kapteina/material/forschungsgebiete/neu_was_geschieht_ wenn_wir_musik_hoeren.pdf

Langeslag, P. / Hirsch, W.: Acoustic Branding – Neue Wege für Musik in der Markenkommunikation; in: Jahrbuch Markentechnik 2004/2006, Brandmeyer, K. et al (Hg.), Deutscher Fachverlag, Frankfurt/M., 2003, S. 231 – 245

Linden, M.: Audio-Branding bei Finanzdienstleistern; unveröffentlichte Bachelorarbeit im Studiengang Finance an der Hochschule der Sparkassen-Finanzgruppe – University of Applied Sciences –, Bonn, 2008

Nölke, S.V.: Audio User Interface-Design: Der Schlüssel zur Nutzerakzeptanz; in: VoiceBusiness Jahrbuch 2008, telepublic Verlag, Hannover, S. 68 – 71

Nölke, S.V.: Der Klang öffnet Türen; in: VoiceBusiness Jahrbuch 2009, telepublic Verlag, Hannover, S. 108 – 109

Nölke, S.V.: Erfolgsfaktor auditive Kommunikation.; Marketing am Telefon. Die akustische Visitenkarte.; Audio Design. Der Schlüssel zur Nutzerakzeptanz.; in: voice compass, Artelt, D., aixvox GmbH (Hg): voice compass 2007, o.V., Aachen, 2006

Ringe, C.: Audio Branding. Musik als Markenzeichen von Unternehmen, DVM Verlag Dr. Müller, Berlin, 2005

Springer, C.: Multisensuale Markenführung: Eine verhaltenswissenschaftliche Analyse unter besonderer Berücksichtigung von Brand Lands in der Automobilwirtschaft, Gabler Edition Wissenschaft, Wiesbaden, 2008

Straka, M.: Audio-Branding im aktuellen Kontext der Marken-Kommunikation, Diplomica Verlag, Hamburg, 2007

Tauchnitz, J.: Werbung mit Musik: theoretische Grundlagen und experimentelle Studien zur Wirkung von Hintergrundmusik in der Rundfunk- und Fernsehwerbung, Heidelberg, 1990

TeleTalk (Hg): Voice Business. Jahrbuch 2007/2008, Telepublic Verlag, Hannover, 2007

„Unsere Stärke ist der Erfolg unserer Mitglieder"; GEMA-Mitgliederbroschüre, o. J., o. V., München und Berlin, als Download von www.gema.de

Vinh, Alexander-Long: Die Wirkungen von Musik in der Fernsehwerbung, Diss. St. Gallen, 1994

Wüsthoff, K.: Die Rolle der Musik in der Film-, Funk- und Fernseh-Werbung, Merseburger, Kassel, überarb. Neuauflage, 1999